TOM TIT

La Récréation en Famille

ILLUSTRÉE DE 185 FIGURES EN NOIR
ET DE PLANCHES HORS TEXTE EN COULEUR
PAR HENRIQUEZ

Librairie Armand Colin

Paris, 5, rue de Mézières

1903

TOM TIT

A MON JEUNE AMI

JEAN SCRIBOT DE BONS

Mon cher Jean,

Vous avez deux titres pour être le parrain de ce livre :

D'abord, celui de descendant de Mme la comtesse de Ségur, l'une des plus célèbres amies de l'enfance ;

Ensuite, celui de dévoué collaborateur des *Bons Jeudis*. Vous avez ouvert votre cœur à notre œuvre, destinée à arracher les enfants aux dangers de la rue, et qui leur offre le jeudi, jour où les écoles sont fermées, des distractions appropriées à leur âge.

En vous dédiant la *Récréation en Famille*, je suis heureux d'acquitter ici une dette de reconnaissance et de vous donner un témoignage de ma sincère amitié.

Votre bien affectionné,

TOM TIT.

Paris, le 1er janvier 1903.

INTRODUCTION

Tom Tit, qu'on a si justement appelé dans la presse parisienne le « charmeur d'enfants », nous apporte aujourd'hui des expériences de physique faciles et amusantes, destinées à distraire et à instruire la jeunesse, soit au dehors, soit à la maison.

La plupart de ces récréations ont, de plus, un côté scientifique que l'auteur a pris soin d'expliquer très clairement, mettant ainsi l'instruction à côté de l'amusement pur. Elles s'exécutent sans aucuns frais à l'aide des objets les plus ordinaires : papier, crayons, allumettes, vieux bouchons, etc., etc., et ne présentent, bien entendu, aucun danger. Un chapitre important est consacré aux récréations manuelles, destinées à développer chez nos fillettes et nos garçons l'adresse des doigts. Certains même de ces petits travaux pourront tenter des amateurs plus âgés.

Les enfants ne seront donc pas les seuls à apprécier ce volume; destiné, comme son titre l'indique, à toute la famille, il intéressera à la fois les petits et les grands.

C'est avec confiance que nous offrons au public ce nouvel ouvrage de l'auteur populaire de la Science amusante, certains d'avance de la faveur avec laquelle il va être accueilli.

LES ÉDITEURS.

La Récréation en Famille

Récréations manuelles.

I

La Chemise-express.

En trois coups de canif, transformer une carte de visite en une chemise d'homme, empesée et repassée.

Faites une petite entaille en A, milieu d'un des petits côtés de la carte de visite. Au point B, situé un peu plus bas que le centre de la carte, faites deux petites entailles obliques, en forme de V.

Et c'est tout! La chemise est fabriquée!!!

Pour le démontrer, vous n'avez qu'à plier la carte, en laissant à l'intérieur la partie

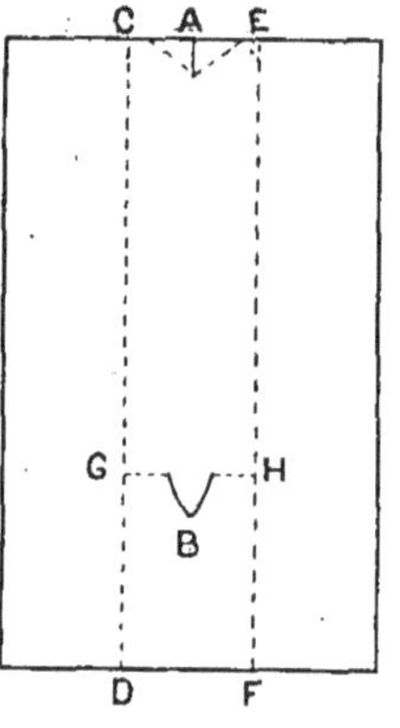

imprimée, suivant les lignes pointillées CD et EF, puis suivant la petite ligne GH. Vous obtenez ainsi

La chemise-express.

la forme indiquée ci-dessus, sur laquelle vous relevez d'arrière en avant les deux pointes du *faux-col*, les entailles d'en bas servant à former la *patte*.

Enfin, marquez au crayon ou à l'encre le contour du *plastron* et son milieu, muni de ses *boutonnières*, et écrivez-y vos *initiales*. Voilà une façon originale d'intriguer vos amis, en leur envoyant votre carte de visite sous cette forme.

Pour le jour de l'an, les petites chemises portant à l'intérieur vos souhaits seront certainement bien accueillies. On peut les enjoliver de dessins imitant des broderies et faits avec des encres ou des crayons de couleur.

Il est bien entendu que, à défaut de carte de visite, vous pouvez employer un morceau de carton quelconque taillé en forme de rectangle, ou même du papier un peu fort.

Dans ce dernier cas, vous pouvez choisir du papier teinté, de manière à fabriquer des chemises de couleur du dernier chic.

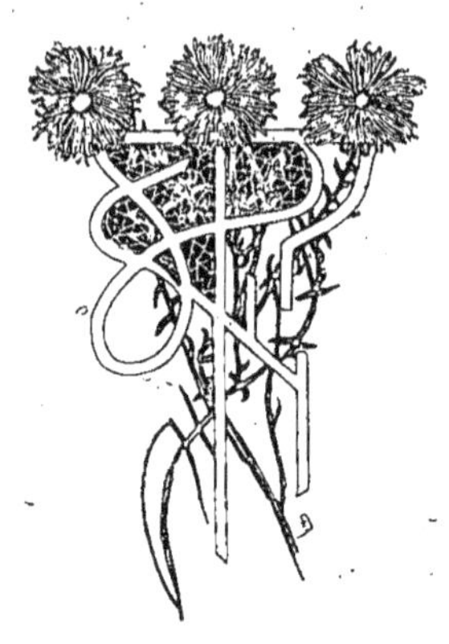

II

Dessins en bouts d'allumettes.

Un jeu amusant consiste à chercher les figures ou dessins qu'on obtient en disposant sur la table deux allumettes, puis trois, puis quatre, etc. Avec deux allumettes par exemple nous obtenons : la croix de Saint-André en forme d'X (1) — la croix verticale désignant le signe *plus* + en arithmétique (2) — l'équerre du serrurier (3) — té de dessinateur (4), etc., etc. 3 allumettes vous donneront : un pliant (5) — un lit (6) — une table (7) — un triangle (8) — etc.

4 allumettes vous fourniront : un carré (9) — un

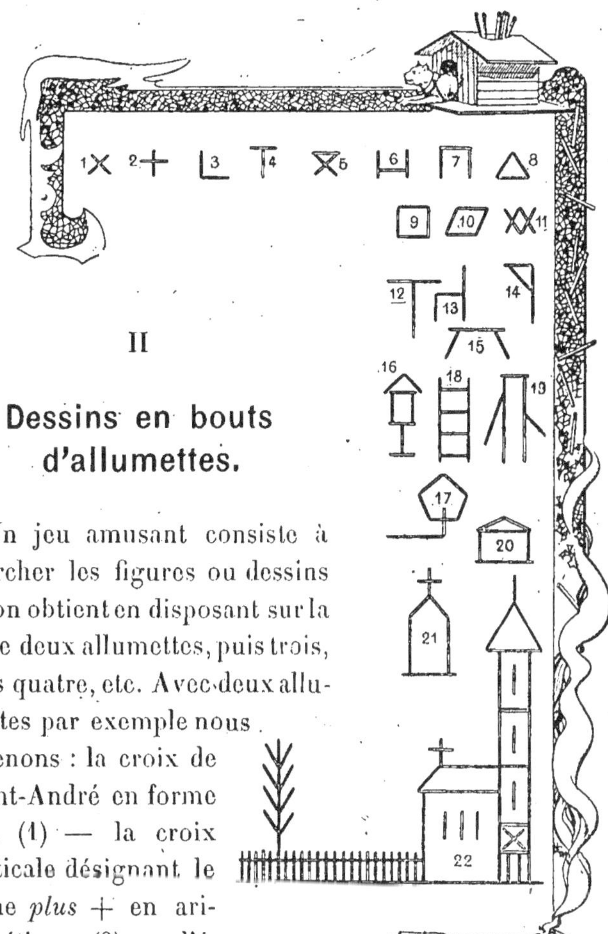

Dessins avec des bouts d'allumettes.

losange (10) — une barrière (11) — une table (12) — une chaise (13) — une potence (14) — un banc (15) — etc. Vous comprenez que le nombre des figures augmente avec celui des allumettes employées; 8 allumettes donneront par exemple : un pigeonnier (16) — un réverbère (17) — etc.

Avec 10 allumettes nous aurons : une échelle (18) — une pompe (19) — un temple grec (20) — une chapelle (21) — etc.

Vous organiserez d'intéressants concours en cherchant qui fera le plus de figures avec le moins d'allumettes, ou le plus joli dessin avec le même nombre de bouts d'allumettes.

La figure 22 vous montre par exemple un ermitage, avec sa clôture et un arbre, le tout comprenant exactement 100 bouts d'allumettes.

III

Faire voler en l'air une carte à jouer.

Prenez un crayon, et à 5 centimètres environ du bout non taillé traversez-le par une épingle, que vous y enfoncerez facilement à l'aide d'un marteau (n° 1), puis coupez avec des tenailles la pointe de l'épingle. Les épingles en acier se cassent sans tenailles.

Enfoncez une autre épingle sur la base d'une bobine en bois de 4 centimètres de hauteur, et avec des tenailles coupez le haut de l'épingle de façon à ne laisser qu'une tige de 1 centimètre de longueur (n° 2).

Découpez un trou rond au centre d'une carte à jouer, de façon que le crayon puisse entrer facilement. Percez à côté un autre petit trou pour le passage du morceau d'épingle enfoncé dans la bobine. Il ne vous reste plus qu'à plier légèrement les quatre coins de la carte en abaissant les deux bords AA et en relevant les deux bords BB (n° 3).

Tenez verticalement le crayon dans la main gauche,

placée au-dessous de l'épingle, enfilez l'autre bout du crayon dans la bobine, autour de laquelle vous enroulez une ficelle, comme sur une toupie.

Posez la carte à plat sur la bobine, le bout du crayon

Faire voler en l'air une carte à jouer.

passant par le trou central de la carte et le morceau d'épingle traversant le petit trou. Tirez vivement la ficelle, vous ferez tourner ainsi rapidement la bobine, et par suite la carte, qui s'élèvera gracieusement en l'air à une très grande hauteur.

IV

Un nouveau pèse-lettres.

J'ai indiqué, dans la *Science Amusante*, comment on pouvait peser une lettre avec un manche à balai, en construisant avec un bout de bois plongeant dans l'eau l'appareil qu'on appelle *aréomètre* dans les cabinets de physique.

Mais voici un appareil beaucoup plus simple, puisqu'il permet d'opérer sans eau.

Le morceau principal, qui constitue le cadran mobile, n'est autre chose qu'une carte de visite ordinaire, dont on a détaché sur la droite un petit rectangle d'environ 5 centimètres de hauteur sur 1 centimètre de largeur. Avec une aiguille, piquez deux trous, l'un en A, l'autre en B. Tracez avec un compas l'arc de cercle FG, ayant le point A comme centre ; c'est cette courbe qui va se déplacer devant la pointe de l'aiguille, comme nous allons le voir tout à l'heure.

Derrière la carte, à la place indiquée par le rond

pointillé E, collez une pièce de 5 centimes avec de
la colle ou de la cire. Voilà le cadran terminé.

Pour faire l'aiguille, qui a la
forme d'une équerre dont

Un nouveau pèse-lettres.

on a taillé le grand bout en pointe,
on la découpe dans une autre carte
de visite en lui donnant 1 centimètre de largeur.

On assemble l'aiguille et le cadran au moyen d'un
fil terminé par un gros nœud que l'on passe dans le
trou C de l'aiguille et dans le trou A du cadran, puis
on arrête le fil au dos du cadran au moyen de deux

ou trois gros nœuds. On suspend l'appareil par une boucle de fil passée par le trou D de l'aiguille; on passe par le trou B du cadran un autre fil, fermé aussi en boucle, auquel on suspend une agrafe en métal ordinaire H renversée.

Il ne reste plus qu'à graduer le pèse-lettres. Mettons successivement entre les deux branches de l'agrafe qui forment pince, une, puis deux, puis trois pièces de 5 centimes, en tenant l'appareil par le fil de suspension; le cadran s'inclinera de plus en plus, et nous marquerons sur l'arc FG les chiffres 5 gr., 10 gr. et 15 gr. aux points qui se trouvent devant l'extrémité de l'aiguille.

Enlevons les sous de l'agrafe, et voilà l'appareil prêt à peser une lettre; on n'a pour cela qu'à pincer l'enveloppe entre les deux branches de l'agrafe et l'on voit si l'on dépasse le chiffre 15 grammes, au delà duquel il faut mettre sur l'enveloppe deux timbres de 15 centimes au lieu d'un seul.

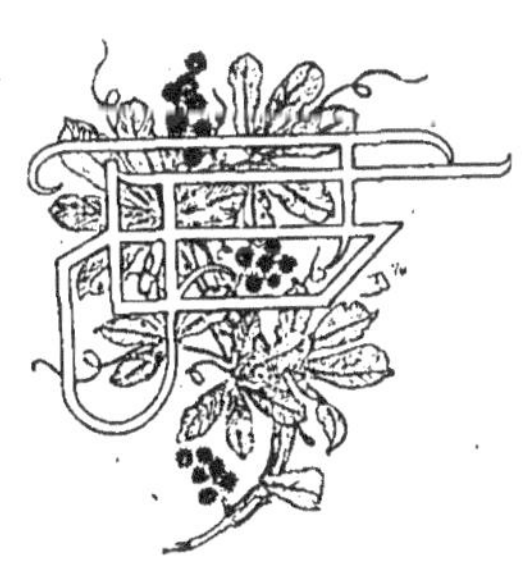

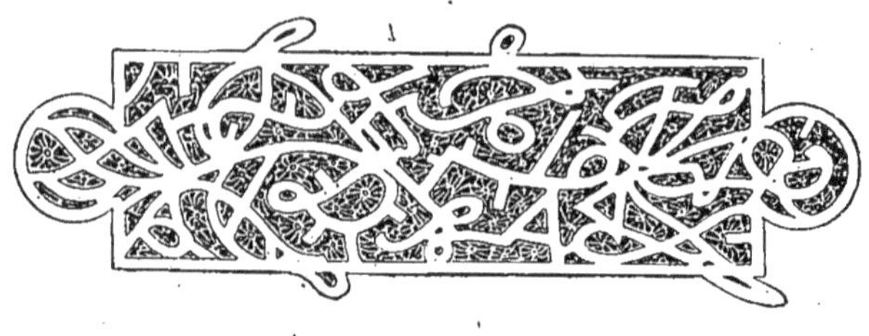

V

L'émigrant.

L'émigrant se compose de deux disques en buis ou autre bois lourd reliés par un petit axe sur lequel s'enroule un cordon. C'est, en un mot, une poulie dont la gorge est profonde. On lâche l'émigrant en retenant le bout de la ficelle, terminé par une boucle; il descend en se déroulant tout le long de la ficelle, ce qui n'a rien que de très naturel; mais ce qui devient tout à fait curieux, une fois qu'il est arrivé au bout de sa course, vous le voyez remonter le long de la ficelle en sens inverse du mouvement de descente; il s'arrête alors contre votre main, puis recommence à redescendre, à remonter, et ainsi de suite sans jamais s'arrêter, le mouvement étant entretenu par une très légère secousse que vous imprimez de bas en haut à la ficelle au moment où l'émigrant va arriver au bout de sa course. Cet amusant mouvement a été comparé à celui d'une roue qui, en descendant une pente, prend assez de vitesse pour pouvoir remonter la rampe opposée.

Voici comment vous pourrez vous fabriquer, en cinq minutes, ce jouet si intéressant : découpez, dans du carton épais (un vieux calendrier, par exemple), deux rondelles de 10 à 12 centimètres de diamètre envi-

L'émigrant.

ron; coupez, dans un bouchon de bouteille ordinaire, une rondelle mince que vous frotterez sur du papier de verre jusqu'à ce qu'elle n'ait plus que 2 ou 3 millimètres d'épaisseur, et collez les deux côtés de cette rondelle de liège au centre des deux disques de carton avec de la colle ou, ce qui va plus vite, de la cire à cacheter. Voilà l'émigrant construit. Attachez solidement autour du petit axe en bouchon le bout d'un fil ou d'une ficelle très souple de 80 centimètres de longueur, faites une boucle à l'autre bout, et passez le bout de l'index de la main droite dans cette boucle ; si vous enroulez le fil autour de l'axe et que vous lâchiez l'appareil, vous le verrez fonctionner de la manière que je viens de décrire.

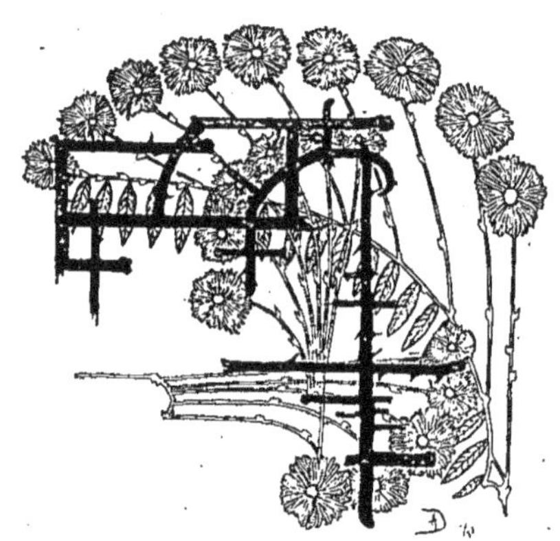

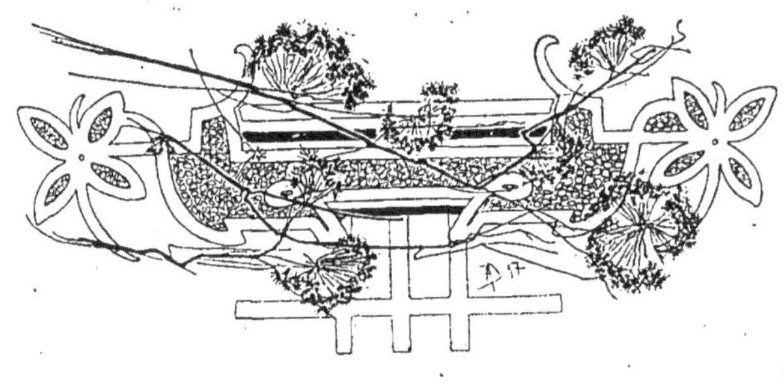

VI

Les dominos gastronomiques.

Ce jeu de dominos se compose de 28 petites boîtes que l'on garnit de bonbons minuscules tels que petits pois en sucre, pastilles de tous genres, pilules de chocolat argentées, etc.

La règle du jeu est bien simple : le gagnant reçoit de son adversaire autant de bonbons que celui-ci a perdu de points; vous voyez que ce n'est pas compliqué. Mais, comme ce jeu ne se trouve pas dans les magasins, il va falloir le fabriquer nous-mêmes; heureusement que cette fabrication n'est pas compliquée, et ne demande qu'un peu de patience.

Chacune des 28 boîtes se compose de deux pièces :

1° Le *fond*, dans lequel on place les bonbons;

2° Le *couvercle*, sur le dos duquel se trouvent marqués les points du jeu de dominos et qui rentre dans le fond.

Voici comment tout le monde pourra faire le tracé

de chacune de ces deux pièces en se servant de papier quadrillé.

Fond. — Nous allons commencer par le tracé du fond, indiqué ci-dessous. Je suppose que nous ayons du papier quadrillé au demi-centimètre : chaque centimètre sera donc représenté par la largeur de deux carrés.

Traçons le rectangle 1, 2, 3, 4, qui mesure 3 centi-

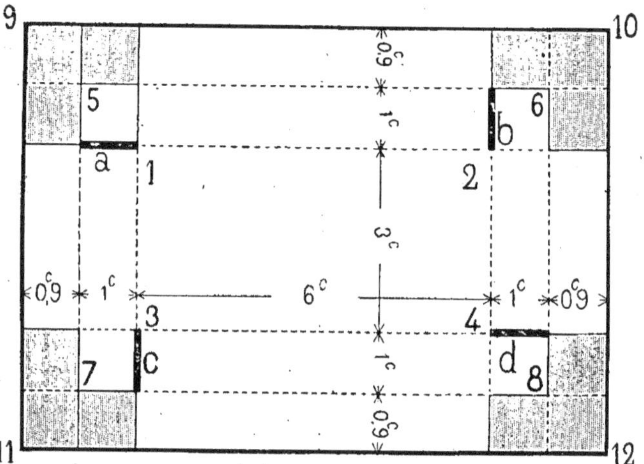

Tracé du fond.

mètres sur 6 centimètres, soit 6 carrés sur 12; portons tout autour une bande de la largeur de 2 carrés, 1 centimètre, et traçons le rectangle 5, 6, 7 et 8.

Portons maintenant, autour de ce second rectangle, une bande un peu plus étroite que deux carrés, et qui aura à peu près 9 millimètres de largeur, ce

qui nous permet de tracer le contour du cadre 9, 10,
11 et 12. Prolongeons jusqu'aux bords de ce cadre
les côtés des deux rectangles précédents, et voilà
notre tracé terminé.

Il s'agit maintenant de le reporter sur les 28 morceaux de papier de couleur destinés à nous fournir
les fonds de nos dominos-boîtes. Plaçons un de ces
morceaux de papier de couleur, glacé et parcheminé,
sous la figure que nous venons de tracer, et piquons,
avec une aiguille, la feuille de papier quadrillé aux
points suivants : d'abord aux quatre coins du cadre
extérieur, puis aux 12 points où les bords prolongés
des rectangles rencontrent le cadre.

Enlevons le papier quadrillé, réunissons par des
lignes au crayon les points que nous venons de
marquer avec la pointe de l'épingle, de façon que
nous aurons reproduit, sur le papier de couleur, le
tracé qui existait sur le papier quadrillé. Nous pourrons superposer 4 feuilles de papier de couleur sous
le papier quadrillé pour les piquer toutes les quatre
ensemble; nous n'aurons ainsi à faire que 7 fois au
lieu de 28 l'opération du piquage.

Si quelques personnes n'ont pas le temps de faire
ce travail et d'aller jusqu'aux 28 boîtes nécessaires
pour fabriquer le jeu de dominos, elles se contente-
ront de construire une seule boîte ou deux, mais je
leur conseille d'essayer cette curieuse construction,
car elles auront le plaisir de voir que l'on peut fabriquer des boîtes élégantes et solides sans employer
une goutte de colle.

Dominos gastronomiques.
Tracé du couvercle. — Construction du fond. — Domino terminé, le couvercle entré dans le fond.

Pour faciliter le pliage du papier, il est bon d'entailler légèrement, avec le canif guidé par une règle, les 8 lignes indiquées sur les croquis en traits pointillés. On découpe ensuite le pourtour du cadre, puis on découpe et on enlève les quatre coins du morceau de papier de couleur en forme d'équerre, comprenant chacun trois petits carrés, et désignés sur les dessins par une teinte grise.

Pour monter la boîte constituant le fond du domino, on fait, avec les ciseaux ou le canif, les 4 entailles a, b, c, d. Si le papier de couleur est assez épais, ces entailles ne devront pas être une simple fente, mais avoir au contraire une largeur d'un demi-millimètre environ.

Une fois ces entailles faites, retournez le papier sur la table et relevez à angle droit les bandes entourant le rectangle central; repliez les petits carrés portant les entailles, de façon que l'entaille a vienne se placer sur le côté 1-3; de même, l'entaille b viendra sur 1-2, c sur 3-4 et d sur 2-4. Cela fait, pliez le papier suivant les bords du rectangle 5, 6, 7, 8, de façon que les bandes extérieures viennent emprisonner les 4 petits carrés voisins des entailles, en serrant ces carrés contre la bande la plus proche. Sur le dessin de la page précédente, on voit le fond presque terminé, au moment où l'on va rabattre la dernière bande extérieure.

Voici fabriquée, en moins de temps qu'il ne m'en a fallu pour l'expliquer, une élégante boîte, que nous pourrons construire avec des dimensions et proportions différentes, le mode de pliage restant le même pour les plus grandes comme pour les plus petites.

C'est dans ce fond que sont mis les bonbons.

Couvercle. — Contrairement aux autres boîtes, dans lesquelles la boîte proprement dite pénètre dans le couvercle, le couvercle de notre domino-boîte se logera à l'intérieur des bords du fond. Afin de tenir compte de l'épaisseur du papier, nous devrons donc, dans le tracé du couvercle, faire le rectangle central un peu plus petit que celui du fond. Donnons à ce rectangle environ 1 millimètre de moins en largeur et en longueur, soit 29 millimètres sur 59 millimètres.

La bande faisant le pourtour de ce rectangle (voir p. 17) aura comme hauteur la moitié de la largeur du fond, soit 1 cent. 5 ; les dominos, en effet, ont comme longueur deux fois la largeur, et comme largeur deux fois l'épaisseur. Enfin, la bande extérieure aura environ 1 cent. 3 de largeur, le couvercle devant être plus haut que le fond, afin de permettre de l'enlever facilement pour retirer les bonbons de la boîte.

Faites le piquage, le tracé, le découpage, les entailles et le pliage comme précédemment, et placez le couvercle, en le retournant, entre les bords du fond. Avant de faire le pliage, marquez les points du jeu à l'aide du bout non taillé d'un crayon trempé dans l'encre, ou en y collant des confetti.

La boîte-domino terminée est représentée page 17. On peut tracer, au crayon ou à l'encre, la ligne divisant la face supérieure en deux carrés égaux.

Comme couleurs pour le papier, il faut prendre un ton sombre pour le fond, et plus clair pour le couvercle.

Il y a une manière encore plus simple de se fabriquer un jeu de dominos. Elle consiste à découper, dans des cartes de visite, 28 rectangles mesurant par exemple 4 centimètres sur 8 centimètres et à y tracer les points du jeu de dominos. Pour faire disparaître les mots imprimés au dos de chaque carte, et qui aideraient à reconnaître les dominos ainsi fabriqués, on colle un rectangle de papier de couleur foncée, un peu épais.

Le jeu de dominos portatifs ainsi créé se met dans la poche, comme un jeu de cartes.

Quel que soit le système employé, le jeu de dominos que nous aurons eu le plaisir de fabriquer nous-mêmes va nous servir maintenant à une quantité de récréations magiques, de tours de société, de devinettes, etc., que j'aurai le plaisir de passer en revue plus loin.

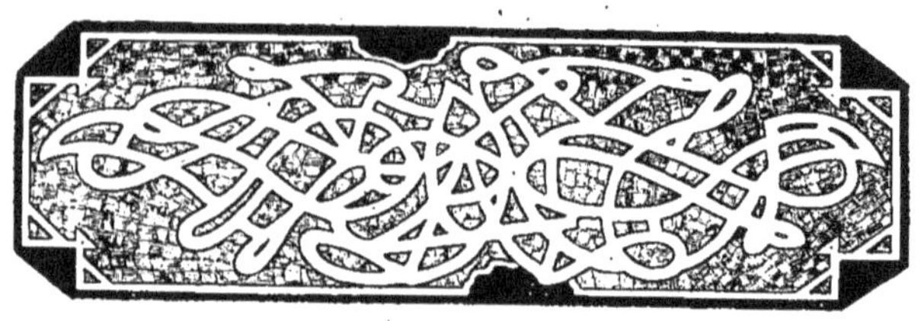

VII

Hygroscope en papier gommé.

On peut mesurer exactement la quantité de vapeur d'eau contenue dans l'air au moyen d'instruments appelés *hygromètres*. Mais si nous voulons simplement savoir si l'air est humide ou sec, et par suite si le temps est à la pluie ou non, nous consulterons un petit appareil appelé *hygroscope*. Tel est, par exemple, le capucin qu'on voit chez les opticiens, et dont le capuchon, fixé à un morceau de corde à boyau qui se détord par l'humidité, se relève sur la tête du personnage s'il va pleuvoir, et descend au contraire lorsqu'il va faire beau et que l'air est sec.

Voici un *hygroscope*, dans lequel une aiguille de papier est mue autour d'un cadran au moyen d'une bande de ce papier gommé qui sert de bordure aux feuilles de timbres-poste. Les deux bouts de cette bande sont repliés en forme de boucle aplatie et collée, comme le montre notre dessin. A l'extrémité supérieure, on intercale deux épingles distantes d'un centimètre environ, sur lesquelles on replie et

HYGROSCOPE.

colle l'extrémité de gauche. On plie de même l'autre bout, mais en n'intercalant qu'une seule épingle;

celle-ci ne sera pas collée au papier, qui doit pouvoir tourner librement autour d'elle. La distance entre les deux épingles du haut et l'épingle du bas est de 13 centimètres. La longueur de la bande une fois repliée est de 20 centimètres environ. Sa largeur sera d'environ 1 centimètre. Le côté intérieur du papier est celui où se trouve la gomme.

Faites un cadran circulaire gradué, de 2 centimètres de rayon, sur une feuille de carton, et fixez perpendiculairement au centre l'épingle inférieure. Au-dessus du cadran et un peu à gauche, piquez les épingles supérieures de façon que la bande de papier forme une spirale, le côté gommé à l'intérieur. Tout près de l'épingle du bas, collez sur la bande une petite pointe de papier qui sera l'aiguille. Elle sera repliée à angle droit sur la bande et aura 2 centimètres de long. Mettez l'appareil devant le feu; le papier se contracte et l'aiguille marche de gauche à droite. Marquez *très sec* au point où l'aiguille s'arrête; mettez l'appareil dehors par une forte averse, mais en évitant qu'il ne soit mouillé; le papier se distend par l'humidité, l'aiguille tourne de droite à gauche, et vous marquez *grande pluie* au point où elle s'arrête. Mettez les indications intermédiaires : *beau temps*, *variable*, *pluie*, et vous aurez un instrument très sensible, vous indiquant, lorsque vous allez sortir, s'il faut prendre votre parapluie ou votre canne.

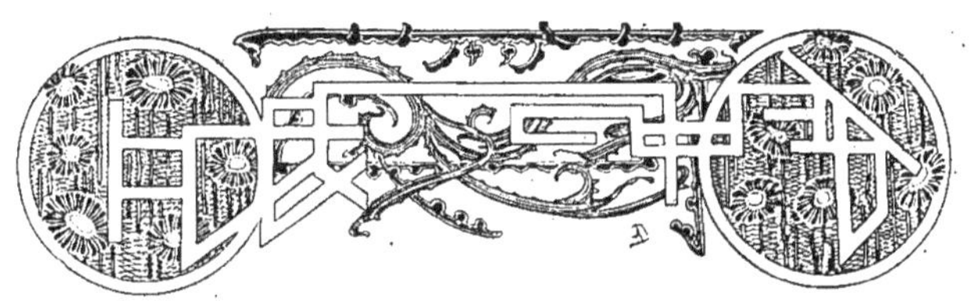

VIII

Manière d'attraper les souris
avec une terrine.

Voici un appareil facile à improviser et destiné à attraper les souris, rats, mulots et autres rongeurs que le froid fait rentrer en hiver dans les maisons et dans les granges.

Prenez une noix et cassez la coquille avec un marteau, mais seulement à l'un de ses bouts de façon à mettre à nu l'amande du fruit.

Posez-la par terre, et, sur cette noix, appuyez le rebord d'une petite terrine ou d'une cuvette mise à l'envers comme vous le voyez sur notre dessin. La partie de la noix qui a été ouverte doit se trouver à l'intérieur de la terrine.

Le rebord de la terrine sera posé, non pas sur le milieu de la noix, mais le plus en arrière possible, de façon que, si l'on poussait très légèrement la noix vers l'intérieur, la terrine, glissant sur la coquille arrondie de la noix, tomberait par terre en recouvrant cette noix. C'est par tâtonnement que vous trouvez l'endroit exact de la coquille où l'on doit poser le bord de la terrine.

Attirée par l'odeur de la noix, une souris se faufile sous la terrine; mais comme elle est habituée à voir des ustensiles de ce genre, elle n'éprouve aucune méfiance, contrairement à ce qui se passe avec les souricières, perfectionnées ou non. Elle mord dans la partie ouverte de la noix et tire dessus pour l'emporter dans son trou.

Manière d'attraper les souris avec une terrine.

Mais nous avons vu que le moindre mouvement du fruit devait faire rouler celui-ci sous le bord glissant de la terrine. Paf! la terrine vient de tomber, coiffant la noix et la pauvre souris; la voilà prisonnière!

Lorsque la position de la terrine vous indique que le piège a fonctionné, vous passez une feuille de carton sous la terrine, ce qui vous permet d'emporter l'animal pour vous en défaire, et vous retendez le piège de nouveau, la même noix pouvant servir un grand nombre de fois.

Essayez mon système qui est fort simple et qui ne coûte rien ; vous serez étonnés des résultats.

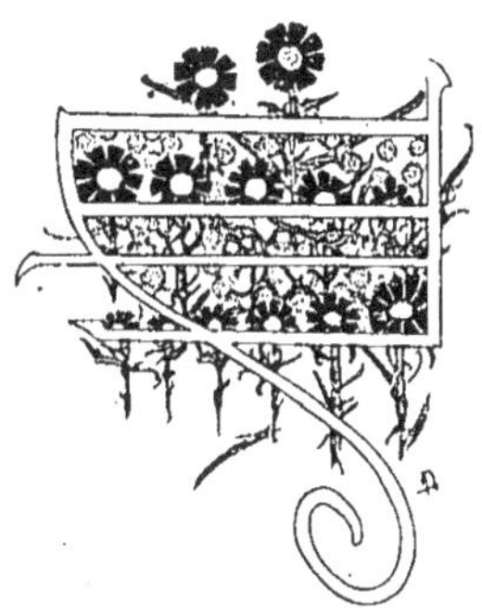

IX

Le robinet révélateur.

On sait qu'il y a des encres, appelées encres de sympathie, qui permettent à deux personnes de s'écrire sans qu'un intermédiaire puisse déchiffrer un seul mot de leur correspondance. En écrivant avec une dissolution de *chlorure de cobalt* par exemple, on obtient des caractères absolument invisibles, une fois l'écriture séchée, et qui apparaissent au contraire avec une couleur d'un beau bleu foncé, dès qu'on chauffe près du feu la lettre ainsi écrite.

Une des encres de sympathie les plus simples est assurément le jus d'un oignon, qui, invisible quand on écrit, devient d'un beau brun une fois chauffé.

Mais ici, ce n'est pas le feu, mais l'eau qui va nous servir à révéler des dessins et des caractères que personne ne pourrait arriver à déchiffrer.

Dessinons et écrivons avec une plume sur une feuille de papier ordinaire, mais, au lieu de tremper la plume dans l'encrier, trempons-la dans notre flacon de gomme arabique. Une fois l'écriture et les dessins bien secs, ce qui ne tarde guère, frottons toute la surface du papier avec un tampon de linge enduit de plombagine (la même que l'on emploie pour faire reluire les fourneaux de cuisine). Si vous présentez au public le papier ainsi noirci, personne né pourra rien y voir, n'est-

Le robinet
révélateur.

ce pas? C'est alors que vous portez le papier sous le robinet de l'évier; vous l'arrosez quelques instants avec un mince filet d'eau, et alors, oh miracle! voilà l'écriture et les dessins qui apparaissent très nettement, en blanc sur fond noir, comme s'ils avaient été tracés sur un tableau noir avec de la craie. On comprend ce qui s'est passé : l'eau a dissout la gomme, partout où elle se trouvait, et a entraîné la plombagine seulement là où il y avait un trait; le reste de la plombagine est resté fixé au papier, formant le fond noir, sur lequel se détachent en blanc tous les caractères restés invisibles jusque-là.

Le véritable nom de la plombagine est le graphite. Il n'y a pas de plomb dans cette substance, qui est donc improprement nommée ainsi. Coupé en baguettes minces, le graphite fournit d'excellents crayons à dessins. Mêlé à l'argile, il sert à faire des creusets réfractaires. Enfin, en mécanique, la poudre de graphite mélangée de graisse constitue l'un des meilleurs lubrifiants connus.

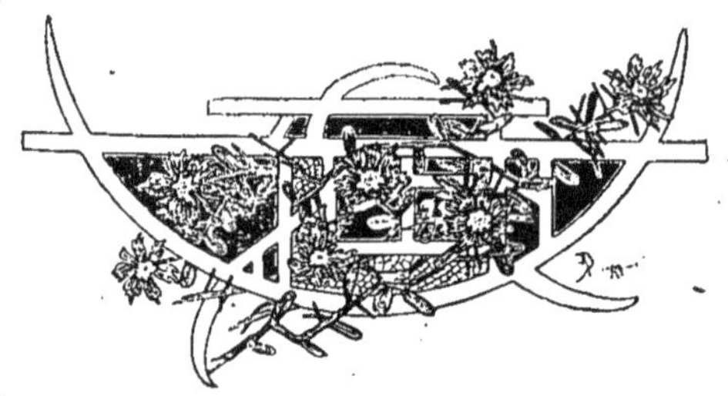

X

La coquille valseuse.

Lorsque vous ouvrez un œuf à la coque, posez sur le bord de votre assiette, humecté d'un peu d'eau, le petit morceau de coquille que vous venez d'enlever à cet œuf. Mettez votre assiette sur la main ouverte à plat, et, par un petit mouvement du poignet, inclinez-la, tout en la faisant osciller, comme si vous vouliez faire rouler une bille autour de l'assiette. Vous verrez alors la coquille tourner sur elle-même, comme une toupie, et en même temps faire le tour de l'assiette, reproduisant le double mouvement de la terre qui tourne sur elle-même pendant qu'elle tourne autour du soleil.

L'eau qui mouille le bord de l'assiette empêche la coquille, qu'elle retient par un effet de capillarité, d'être projetée au dehors par la force centrifuge. On peut faire mouvoir plusieurs coquilles à l'intérieur de l'assiette, ou sur un plateau, pourvu qu'on ait légèrement mouillé avec un peu d'eau les surfaces sur lesquelles elles doivent se mouvoir.

Utilisons notre coquille pour la confection d'un

jouet original; nous collerons au fond, avec un peu
de colle ou de cire à cacheter, un petit cube de
liège avec une fente dans laquelle nous enfonce-

La coquille valseuse.

rons le pied d'un personnage en papier découpé, une
petite danseuse, par exemple, ou encore un clown,
un chien faisant le beau, un couple de valseurs, etc.,
qui tourneront sans s'arrêter aussi longtemps que
nous le voudrons.

XI

Le pêcheur automatique.

Découpez, dans du carton un peu fort, les deux jambes du pêcheur, comme l'indique notre dessin, entaillez légèrement le carton suivant les deux lignes ponctuées, et repliez à angle droit; le petit morceau de carton restant entre les deux pieds vous servira à le fixer au moyen d'un petit clou ou d'une punaise, sur une planchette de bois mince, un couvercle de boîte à cigares, par exemple. Découpez d'un seul morceau le buste, la tête et le bras, et enfin faites quatre petites rondelles de carton d'un demi-centimètre de diamètre.

Cela fait, prenez une aiguille enfilée avec du fil terminé par un gros nœud, et passez le fil en traversant successivement : une rondelle, la jambe gauche (à l'endroit marqué d'un point sur le dessin), une deuxième rondelle, le bas du buste du personnage, une troisième rondelle, la jambe droite et enfin une der-

Le pêcheur automatique.

nière rondelle contre laquelle vous faites avec le fil plusieurs nœuds, serrés les uns contre les autres. Coupez le fil, voilà le bonhomme construit. Son buste tombera en avant ou en arrière, mais ne vous en préoccupez pas. Avec l'aiguille et le fil, cousez le long du bras l'extrémité d'une paille fine ou d'un brin d'herbe creux, au bout duquel vous attachez par un bout de fil un petit poisson découpé dans un morceau de zinc, de fer-blanc, ou encore de papier d'étain (papier à chocolat).

Voilà le pêcheur armé de sa ligne. Vous pouvez le colorier avec des crayons de couleur. Passez un bout de fil dans la queue de son habit et faites un nœud ; faites passer l'autre bout du fil par un trou de 1 centimètre de diamètre percé dans la planchette, un peu en arrière des jambes. Le fil pendra, au-dessous de la planchette, d'environ 20 centimètres, et vous y attacherez un brin de crin muni d'un petit hameçon, comme à l'extrémité d'une ligne à pêcher. Mettez une amorce à l'hameçon (mouche, petit ver rouge, pain) et posez la planchette sur l'eau d'un étang ou d'une rivière. Tout d'abord, le poids de la ligne fait pencher en avant notre pêcheur, qui semble regarder attentivement « si ça mord ».

Au bout d'un instant, les ablettes ou autres petits poissons viennent folâtrer autour de l'amorce ; l'une d'elles, plus hardie, mord à l'hameçon et y reste accrochée ; elle plonge pour chercher à s'échapper, et chacun de ses mouvements transmet au fil une secousse qui fait relever le petit pêcheur. Celui-ci se redresse subitement, retirant de l'eau sa ligne au bout de laquelle frétille le petit poisson brillant.

En attachant la planchette par une ficelle, vous pourrez la tirer à vous, après chaque capture, et je ne doute pas que ce genre de pêche mécanique ne soit du goût de beaucoup de mes jeunes lecteurs.

XII

Les anneaux de fumée.

Pour réussir cette jolie expérience, l'opérateur doit se placer dans une chambre à l'abri de tout courant d'air, en priant le public de rester immobile. Il souffle la fumée de sa pipe ou de sa cigarette dans une petite boîte de carton, dans le couvercle de laquelle il a pratiqué un petit trou, à l'aide d'une épingle.

Lorsque la boîte est remplie de fumée, il donne de petits coups, avec l'extrémité de son doigt, sur l'un des côtés ou sur le fond de la boîte.

A chacun de ces chocs, les spectateurs voient sortir, par l'orifice de la boîte, une couronne de fumée d'une remarquable régularité, qui va en s'élargissant à mesure qu'elle s'élève dans l'air calme de la chambre.

Vous pourrez faire vous-mêmes une boîte cubique avec six vieilles cartes à jouer ou six cartes de visite.

Certains fumeurs peuvent ainsi faire sortir du four-

neau de leur pipe ou même de leur bouche entr'-
ouverte des anneaux de fumée, analogues à ceux qui

Les anneaux de fumée.

se produisent lorsqu'on
tire le canon par un
temps calme, avec l'an-
cienne poudre à fumée,
bien entendu. Une goutte d'encre que vous faites tomber
dans l'eau tranquille d'une cuvette y prendra la forme
d'un anneau qui s'élargit en descendant vers le fond.

Si vous n'êtes pas fumeur, vous pouvez remplir la
boîte de fumée en faisant brûler à l'intérieur un
petit morceau de papier d'Arménie ou de gros papier
jaune d'emballage.

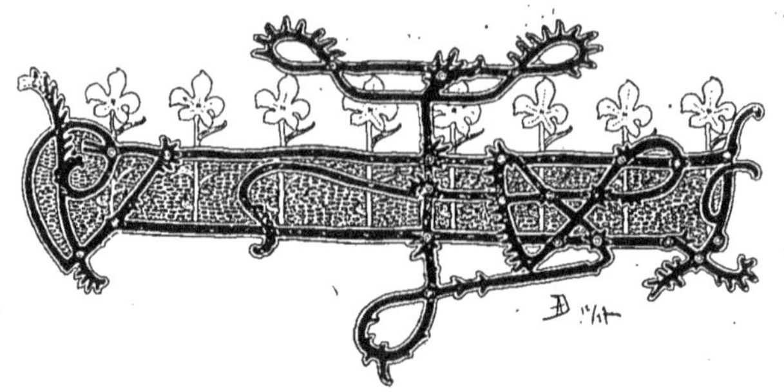

Avec du pain.

Bébé ne veut pas manger sa soupe ; il commence une scène de larmes qui pourrait mal finir... lorsque, tout à coup, il voit apparaître une série d'animaux fantastiques ou de joujoux tous plus amusants les uns que les autres, fabriqués instantanément par son papa ou son grand frère, et qui excitent non seulement ses rires, mais encore ceux de l'assistance.

Tous ces objets sont fabriqués avec du pain, et de la façon la plus simple. Jugez-en :

Le *poisson* au dos brun foncé, au ventre blanc, n'est autre chose qu'un petit pain fourré ; des entailles faites au couteau ont permis d'y loger des morceaux de croûte figurant des nageoires et la queue ; deux raisins de Corinthe représentent les yeux. Un gros croûton percé de deux trous dans lesquels sont logés deux pruneaux sera la tête d'une *anguille* énorme ; le

corps sera figuré par votre bras entouré de la serviette
de table. Une large fente sera la gueule, dans laquelle
la langue, rouge foncé, est une rondelle de betterave
empruntée au saladier. L'anguille ainsi fabriquée, on
lui fait exécuter, sur la table, des mouvements ondu-
leux, comme si elle voulait manger la soupe de bébé !

Et la belle vache, comment est-elle faite? Avec un
petit pain dans lequel on a fait plusieurs ouvertures ;
deux trous ronds pour loger les deux moitiés de croissant
figurant les cornes ; deux fentes latérales pour planter
les morceaux de croûte simulant les oreilles ; deux
fentes obliques pour marquer les yeux à demi clos,
deux échancrures pour les naseaux, et enfin une large
ouverture pour la bouche, dans laquelle on place des
brins de persil ou une feuille de salade. Le pain ainsi
préparé, l'opérateur le maintient par derrière ; il met
à cheval sur son bras sa serviette que l'on épingle par
devant, et destinée à représenter le corps de l'animal.

Couper le pain en tranches parallèles, c'est bon
pour tout le monde, mais, pour égayer vos convives,
vous pouvez, avant le repas, préparer votre miche de
la façon suivante :

Prendre un pain long, de forme aussi cylindrique
que possible ; enfoncer le couteau obliquement vers
l'extrémité, et, ce couteau ne pénétrant que jusqu'au
milieu du pain, faire de haut en bas une entaille en
hélice comme le montre la figure 1. Si vous tirez
alors sur le croûton avec précaution, vous voyez que
votre pain peut prendre la forme en spirale indiquée
figure 2. Maintenant, enfoncez encore le couteau de

Joujoux en pain.

façon que le bout ne dépasse pas le milieu de la
miche, et faites d'un seul coup l'entaille verticale

comme le montre la figure 3. Vous aurez ainsi coupé votre pain en plusieurs morceaux, dont chacun aura la forme indiquée en 4. Et les assistants de se demander comment vous avez pu leur donner si vite cette curieuse forme en escalier tournant.

Mais ce sont des joujoux que veut bébé, et nous allons le servir à souhait. D'abord, voici un *bateau* de pêche pris dans les glaces des mers polaires; on découpe au canif, sur une assiette, une tranche de pain suivant le modèle indiqué, puis on place le bateau debout; il faut donc prendre une tranche un peu épaisse.

La baraque de cantonnier se fait de même; le toit est figuré par la croûte, on perce des ouvertures pour la lucarne et la porte, etc.

Enfin il n'est pas difficile de tailler le profil du cheval à bascule qui se balance sur la partie arrondie de la croûte d'une tranche un peu épaisse.

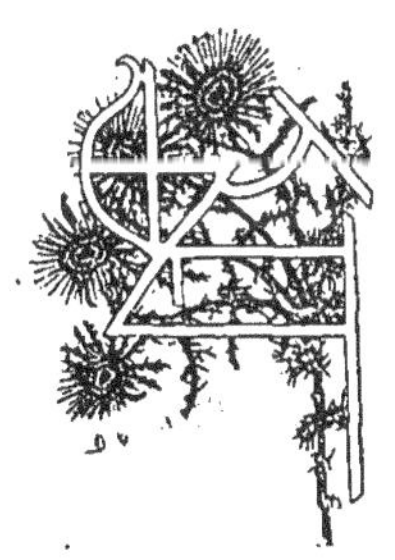

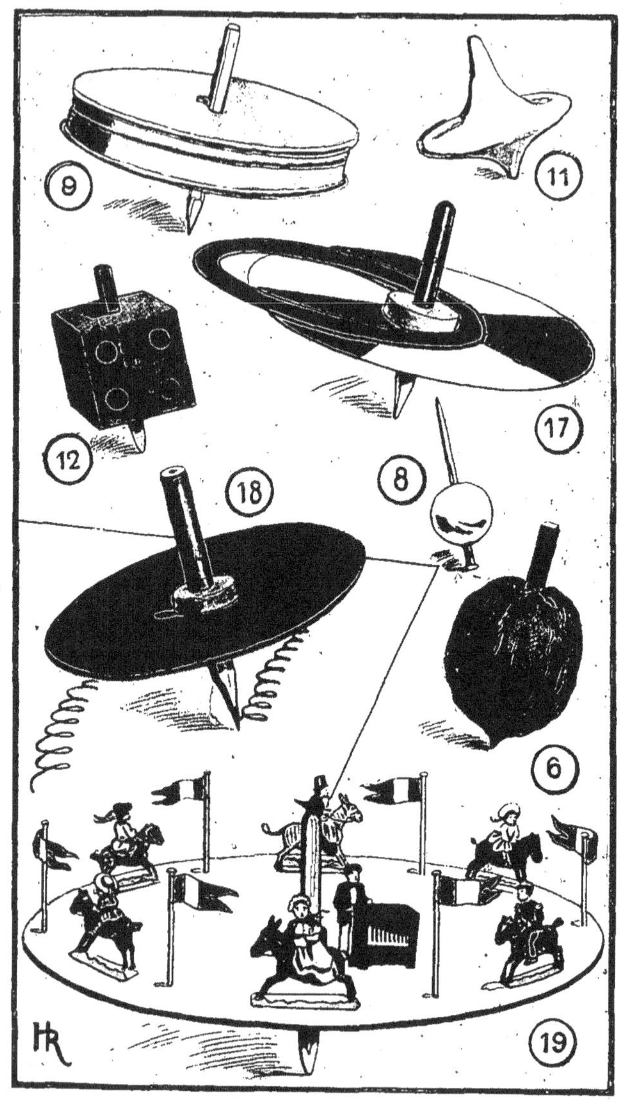

Des Totons

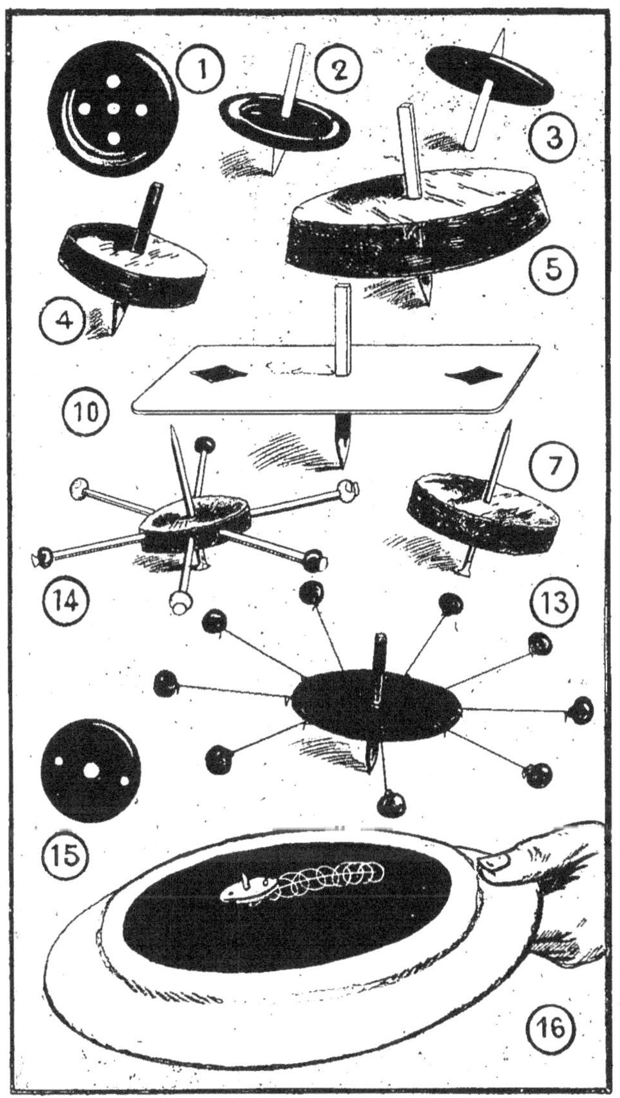

Des Totons

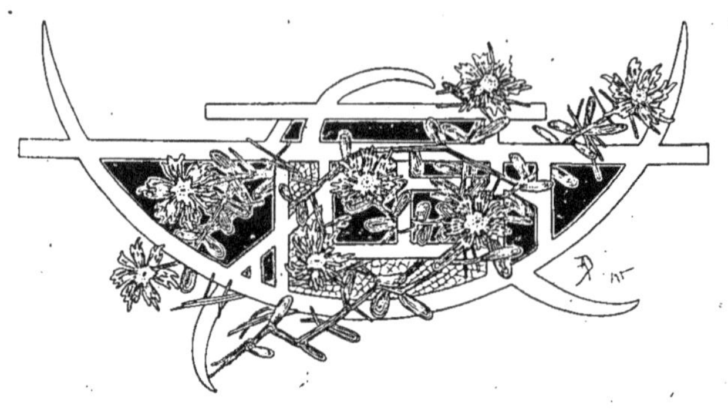

XIV

Des totons.

Très amusant, le toton est un joujou que l'on peut construire facilement soi-même : voici quelques modèles parmi lesquels vous pourrez faire votre choix.

Un vulgaire bouton en bois ou en os, percé de cinq trous, devient un excellent toton si vous enfoncez dans le trou central un bout d'allumette pas trop long et taillé en pointe à l'une de ses extrémités (n° 1); vous pouvez le faire tourner non seulement sur sa pointe, comme le montre le dessin n° 2, mais encore sur le bout de sa tige, comme le montre le n° 3. Pour cela, tenez la tige de la manière ordinaire, mais au moment de lancer, retournez la main pour mettre la pointe en l'air, et lâchez alors le toton, qui tournera en exécutant cette fois des zigzags très réjouissants. Une rondelle de bouchon traversée par un bout d'allumette (n° 4), ou encore un bouchon de pot de moutarde (n° 5), dont on a traversé le milieu avec un fil de fer rougi au feu pour le passage de la tige, constituent aussi des totons parfaits.

Le n° 6 est une noix dans laquelle on a piqué un bout d'allumette. Le n° 7 nous montre comment nous pouvons parier avec un ami de faire tenir une épingle debout sur sa tête; il suffit de traverser avec cette épingle une rondelle de liège et de la lancer comme un toton sur la cheminée ou dans une assiette. La rondelle de liège peut être remplacée par une boulette de mie de pain, et, malgré sa forme bizarre, le toton ainsi obtenu est un de ceux qui tournent le plus longtemps; il est très facile à improviser à table, comme vous le voyez.

Une boîte ronde en carton et son couvercle, le tout traversé par un bout d'allumette (n° 9), nous fournit un autre modèle. Un peu de cire à cacheter empêche la boîte de glisser sur l'allumette. Le corps des totons n'a pas toujours besoin d'être circulaire; une carte à jouer traversée en son centre par une allumette (n° 10) tournera parfaitement; une goutte de cire fixera la carte sur l'allumette.

A table, vous pétrirez le toton en mie de pain (n° 11) qui tournera parfaitement dans une assiette sans attendre que le pain ait durci.

Le cube de liège, obtenu en frottant un bouchon sur du papier de verre, et traversé par une allumette, vous donnera le toton pour jouer au *zanzibar* (n° 12), si vous marquez sur les faces les points de 1 à 4 avec le fil de fer rougi ou un peu d'encre. Le n° 13 est le *toton scientifique*, nous démontrant les effets de la force centrifuge. Les boutons de bottine, attachés sur tout le pourtour à l'aide de fils, sont tous projetés le plus loin possible du disque de carton, dès que le toton tourne, et maintiennent ainsi les fils tendus.

Le *toton-soleil* n° 14 est le modèle 7 dans lequel nous piquons sur le pourtour du disque six épingles, après avoir passé chacune dans une grosse perle de verre de couleur. La force centrifuge chasse les perles contre les têtes des épingles, et, lorsque ce toton tourne au soleil, son effet est magnifique; les épingles lancent des éclairs d'argent, et les perles forment tout autour une couronne colorée. Faire tourner dans une assiette, pour diminuer le frottement.

Les couturières, mesdames, emploient des palets de plomb pour alourdir les basques de vos jaquettes ou de vos manteaux. Un de ces plombs de couturière sera percé en son centre d'un petit trou, à l'aide du canif ou de la pointe des ciseaux. De part et d'autre de ce trou central, vous en percerez deux autres près des bords du disque (n° 15); l'un d'eux sera bouché par un bout d'allumette, après que vous y aurez introduit un brin de crin qui doit descendre un peu plus bas que la pointe de l'allumette. L'autre trou n'est là que pour l'équilibre. Placez maintenant au-dessus d'une bougie ou d'une lampe à pétrole le dos de l'assiette sur lequel vous allez faire tourner ce toton de plomb (n° 16), et vous serez stupéfaits des merveilleux dessins que le toton va tracer en blanc

sur fond noir; on regrette de ne pouvoir les con-
server, tant ils offrent de finesse.

Toton caméléon. — Après le dessin, la couleur!
Un fond de boîte de dragées placé entre deux rondelles de bouchon, et le tout traversé par un vieux
manche de porte-plume, nous servira à étudier la
recomposition des couleurs, les couleurs complémen-
taires, les couleurs composées, etc. Partageons le
disque en secteurs alternativement jaunes et bleus,
par exemple, et lorsque le toton tournera, le disque
nous paraîtra peint d'un vert uniforme.

Démontons l'appareil et plaçons un autre disque
portant des secteurs colorés en orange et bleu et le
disque nous apparaîtra blanc, l'orange étant la couleur complémentaire du bleu.

Nous pourrons aussi répéter la célèbre expérience
de Newton en colorant notre disque des sept couleurs
du prisme solaire qui nous donneront encore par
leur réunion la teinte blanche.

Posons sur le toton, lorsqu'il est bien lancé, des
anneaux de papier de diverses couleurs (n° 17) et nous
aurons le toton caméléon, qui change de couleur dès
qu'on touche légèrement le bord d'un de ses anneaux.

Toton calculateur. — Voulez-vous savoir le
nombre exact de tours faits par ce toton? remplacez
le manche en bois par un crayon de mine de plomb
et faites tourner ce toton sur une feuille de carton
légèrement inclinée (n° 18), le toton descendra dou-

cement, en exécutant sur le carton des festons très faciles à compter, correspondant chacun à un tour complet.

Chevaux de bois. — Enfin notre modèle du n° 17 se transformera en un manège de chevaux de bois si nous piquons sur le pourtour des épingles support- tant de petits drapeaux en papier de couleur et si nous collons, sur le bord du disque, des chevaux et personnages en papier découpé. Bébé pourra avoir ainsi une séance de chevaux de bois à domicile (n° 18).

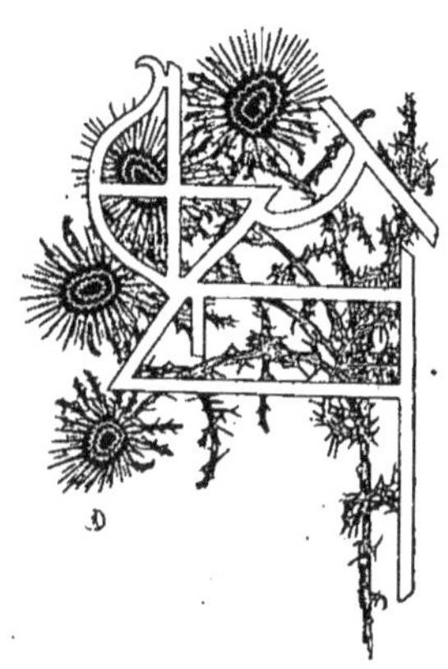

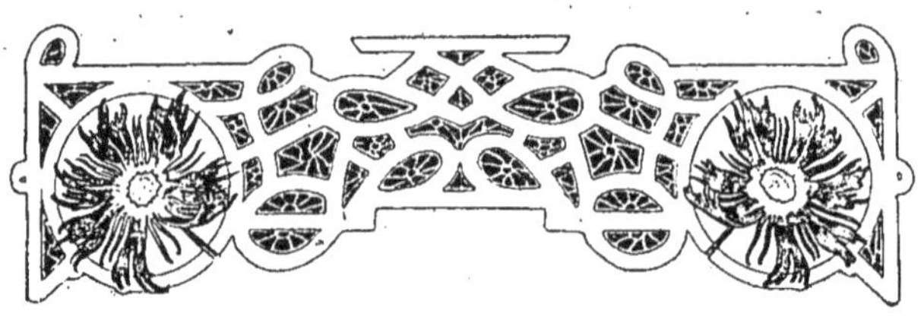

La physique enfantine.

XV

Le journal prisonnier.

Etalez à plat sur la table un journal tout grand
ouvert; mettez au milieu une bouteille vide, mais, au
lieu de la mettre debout sur son fond, comme on le
fait toujours, posez votre bouteille debout sur son
goulot, c'est-à-dire la tête en bas.

Nous savons bien que, dans cette position, notre
bouteille sera renversée par la moindre poussée; il
suffirait de souffler dessus pour la faire tomber!

Or, voici ce que je vous propose : sans toucher à
la bouteille, qui ne doit pas changer de place, il
faut enlever le journal, et cela n'a pas l'air commode!

Chaque amateur essaie, à tour de rôle, de délivrer
le journal prisonnier, mais ils ne réussissent tous

qu'à faire tomber la bouteille, dont la chute est saluée
par les rires de l'assistance.

On vous demande alors de montrer comment l'expérience peut se faire; vous vous approchez de la table,
vous prenez le bord du journal de la main gauche,
par exemple, et en tenant le journal bien tendu, vous

Le journal prisonnier.

donnez sur la table, avec votre main droite, une
série de petits coups de poing. A chacun de ces
coups, le public voit le journal glisser sous la bouteille, sans que celle-ci change de place, et finale-
ment vous brandissez en l'air le journal que vous
venez de délivrer! Vous voyez que ce n'était pas
difficile.

Quant à l'explication scientifique de ce joli tour,
elle est tout aussi simple : à chaque coup de poing

reçu par la table, la bouteille fait un petit saut imperceptible à l'œil des spectateurs, mais suffisant pour que le journal avance vers l'opérateur d'une petite quantité. En donnant les coups très rapidement, le journal semble se déplacer d'une façon continue, comme si aucun corps lourd n'était posé sur lui.

Prendre une bouteille bien égouttée, pour éviter toute adhérence avec le papier.

Pour cela, rincer la bouteille un ou deux jours d'avance et la maintenir debout dans un coin, la tête en bas, et posée sur un ou plusieurs morceaux de papier buvard.

Plusieurs personnes peuvent donner des coups de poing en cadence sur la table, aux sons du piano, ce qui rend l'expérience encore plus amusante.

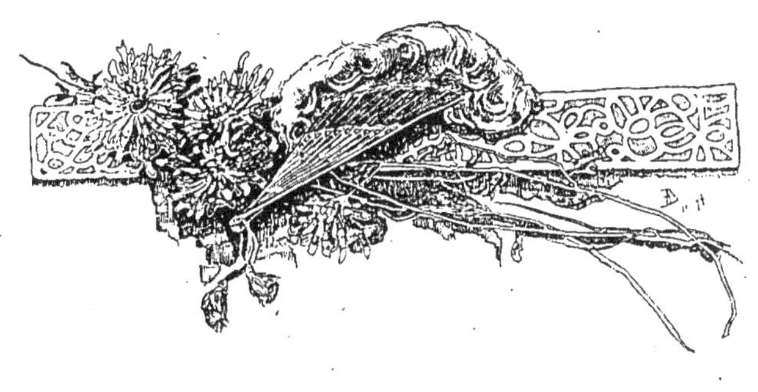

XVI

Le choc des corps.

Nous savons tous que, lorsque deux corps solides,
par exemple deux promeneurs, deux cyclistes, deux
bateaux ou deux trains de chemin de fer, dont l'un
au moins est en mouvement, viennent à se rencontrer,
il se passe une série de phénomènes (plus ou moins
agréables) que l'on désigne sous le nom de *choc*. Il
y a trois périodes distinctes dans le choc : 1° période
de refoulement des corps; 2° période dans laquelle
la déformation est devenue la plus grande possible;
3° période de réaction, les corps tendant à revenir à
leur position primitive et à se séparer l'un de l'autre
en vertu de l'énergie plus ou moins grande de leur
force de ressort.

Au jeu de billard, quand une bille vient en choquer
une autre directement, elle s'arrête tout à coup à la
place même qu'occupait cette autre bille, tandis que

celle-ci roule sur le tapis du billard avec toute la vitesse de la première.

Si vous posez plusieurs billes les unes à côté des autres, de façon qu'elles se touchent toutes, l'effet

Le choc des corps.

du choc de votre bille sur cet ensemble est encore plus curieux : le choc de votre bille ne met en mouvement que la bille la plus éloignée, tandis que toutes les billes intermédiaires restent en repos, après avoir reçu et transmis intégralement le choc.

Placez sur la table une série de pièces de dix centimes en ligne droite, et se touchant toutes ; faites glisser vivement avec votre doigt une autre pièce de dix centimes, de façon qu'elle choque la première pièce de la série; c'est la pièce de l'autre extrémité qui s'échappera. Voici comment vous pouvez vous servir de cette expérience pour en faire un jeu de société :

Montrez au public deux pièces de dix centimes qui se touchent, et, à une certaine distance, une pièce de cinq centimes. Annoncez qu'il faut placer la pièce de cinq centimes entre les deux gros sous, mais en observant les conditions suivantes : 1° le gros sou que vous toucherez ne bougera pas; 2° le gros sou que vous ne toucherez pas bougera! Quand les spectateurs ont bien cherché, vous posez le doigt sur l'un des gros sous et vous cognez contre lui le petit sou. Le choc chasse l'autre pièce et vous pouvez placer facilement le petit sou entre les deux pièces de dix centimes, en ayant observé les conditions imposées.

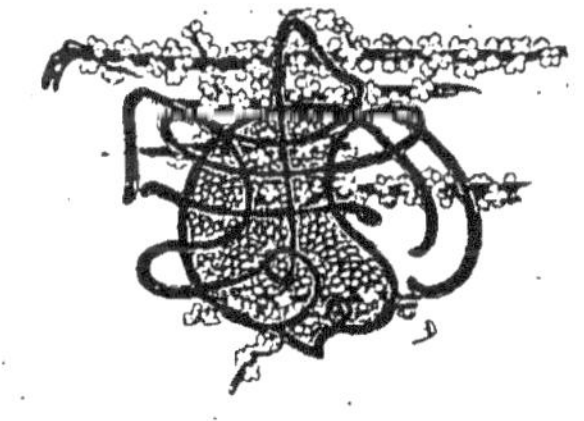

XVII

La pièce qui marche.

Posez votre verre renversé sur la table, recouverte d'une nappe ou d'une serviette, en soulevant les bords du verre à l'aïde de deux pièces de dix centimes, placées de part et d'autre, comme le montre notre dessin.

Vous avez placé, entre les deux pièces de dix centimes, une petite pièce de cinquante centimes, qui se trouve ainsi recouverte par le verre renversé; vous la voyez, mais vous ne pouvez la prendre sans enlever le verre... Est-ce bien sûr?

Un malin proposera de pousser la pièce avec la lame d'un couteau de table, avec un morceau de papier ou tout autre corps mince pouvant passer entre le bord du verre et la nappe, et qui doit être pour cela moins épais que les pièces de deux sous supportant le verre. Mais vous lui répondrez qu'on ne doit se servir d'aucun autre objet que son doigt, et que c'est avec le doigt qu'il faut enlever la pièce!

Quand vous avez bien piqué la curiosité du public, vous placez votre main à environ 10 centimètres du verre et avec l'on-gle de l'index, vous vous mettez à gratter légère-ment la nappe ou la serviette, par petits coups succes-sifs. Vous attirez ainsi

La pièce qui marche.

le tissu, la pièce se rapproche de vous, et quand votre ongle abandonne brusquement la nappe, son élasticité la fait revenir en arrière, mais la pièce reste en place par suite de son inertie. En continuant ainsi à gratter par petits coups d'ongle, vous arrivez très facilement à la faire sortir de sa prison, au grand amusement de l'assistance.

XVIII

L'œuf dans le verre.

Vous avez tous admiré, au cirque, le clown qui tire brusquement la nappe au moment où l'on va se mettre à table, et cela sans renverser ni verres ni bouteilles, sans faire tomber une assiette! Il semble faire quelque chose de très extraordinaire, mais la physique nous apprend que cela n'a rien que de naturel. Le tout est de tirer la nappe d'un seul coup en la maintenant bien tendue. Dans ce cas, en vertu d'un principe que l'on appelle le principe d'inertie, les objets posés sur la table, qui n'ont pas eu le temps de participer au mouvement de la nappe, resteront tranquillement sur la table.

Prenez maintenant un verre à moitié plein d'eau, une carte de visite, une bague et un œuf. Vous pouvez opérer avec un œuf frais, mais je conseille toujours

de préférer des œufs durs, ne fût-ce que pour ras-
surer la maîtresse de la maison. Posez la carte de

L'œuf dans le verre. — 1° Expérience faite avec la main.

visite sur le verre, sur cette carte mettez la bague,
qui doit être une bague unie et large, par exemple
une alliance d'homme ; enfin, posez l'œuf debout sur
la bague. Vous annoncez que vous allez, d'une chi-
quenaude, envoyer la carte de visite à travers la
chambre ; tout le monde s'attend à ce que l'œuf suive

la carte et vienne se casser sur la table. Il n'en est
rien. Donnez la pichenette bien horizontalement sur
le bord de la carte de visite ; celle-ci glisse et s'échappe
pour voler jusqu'au bout de la salle à manger, mais
l'œuf et la bague sont tombés dans le verre d'eau ; l'eau

L'œuf dans le verre.
2° Expérience faite avec le pied.

amortit la chute et em-
pêche l'œuf de se casser.
J'ai vu cette expérience
exécutée par un amateur
avec son pied ! La carte de visite était remplacée par
un calendrier de carton. Une personne tenait le
verre, et l'amateur, d'un coup de pied horizontal,
chassait le calendrier tandis que l'œuf tombait dans
le verre. Je préfère toutefois la solution avec le doigt ;
elle est plus élégante.

XIX

La pièce sur sa tranche.

Une bande de papier un peu fort, de 50 centimètres
environ de longueur sur 20 centimètres de large, une
pièce de 5 francs en argent, la plus neuve possible,
enfin un petit morceau de bois, par exemple une
règle d'écolier, voilà les trois objets usuels qui nous
sont nécessaires pour exécuter un tour très joli, qui
semble être un tour d'adresse des plus difficiles, mais
qui, en vertu du principe de physique, appelé *principe d'inertie*, s'exécute d'une façon très simple.

Il faut opérer sur une surface unie et bien horizontale, le marbre d'une cheminée ou d'une commode
nous fournira cette surface. Sur le bord de la commode, posons, debout sur sa tranche, la pièce de
5 francs en argent, après avoir interposé, entre le

marbre de la commode et la pièce, le bout de la bande
de papier dont le reste doit déborder à l'extérieur.
Sans employer du carton, il faut que le papier soit
assez fort pour se tenir de lui-même presque hori-

La pièce sur sa tranche.

zontal. Donnez maintenant, avec votre règle, un coup
sec sur la bande de papier; elle tombera sans que la
pièce bouge, au grand étonnement des spectateurs.

Comme variante de cette expérience, on peut
opérer ainsi : L'une des mains tenant le bout libre du
papier, on frappe violemment avec l'index de l'autre
main, ce qui fait glisser le papier sans faire tomber
la pièce.

XX

Le bâton brisé sur deux verres.

Voici une expérience qui nous démontre les curieux
effets du principe d'inertie, dont j'ai déjà parlé ici
plusieurs fois. Prenez un manche à balai, et enfoncez
à chacune de ses extrémités un clou long et mince,
les deux clous étant situés dans l'axe du morceau de
bois. Posez maintenant le manche à balai sur le bord
de deux verres pleins d'eau, chaque clou reposant
sur l'un des verres, et les verres étant posés plus
bas qu'une table, par exemple, sur deux chaises.
Prenez un fort bâton, et donnez-en un vigoureux
coup sur le milieu du manche à balai ; ce dernier
sera brisé en deux sans que les verres aient éprouvé
aucun dommage, et sans même qu'une goutte d'eau
ait jailli au dehors !

Cette expérience peut être exécutée plus simplement
de la façon suivante : posez, sur le bord d'une table

un peu basse, deux crayons qui fassent saillie à l'extérieur. Sur les bouts en porte-à-faux de ces crayons, posez un de ces longs et minces crayons

Le bâton brisé sur deux verres.
Expérience faite à la maison.

comme on en trouve dans les bazars; appliquez au milieu du crayon un vigoureux coup de canne, et le grand crayon sera cassé en deux morceaux sans que les deux autres soient brisés.

On a vu, sur les boulevards de Paris, un bateleur présenter ce tour d'une façon originale : le bâton,

d'une grosseur respectable, était posé, par ses deux
bouts, sur deux bracelets de papier dont l'un était suspendu à un tuyau de pipe, l'autre reposant sur le

Le bâton brisé.
Expérience faite par un bateleur.

tranchant d'un rasoir
tout grand ouvert. Un
vigoureux coup de matraque faisait voler le morceau
de bois en deux éclats, sans que le papier des bandes
fût coupé ni déchiré, ce qui excitait l'admiration
et la générosité des spectateurs.

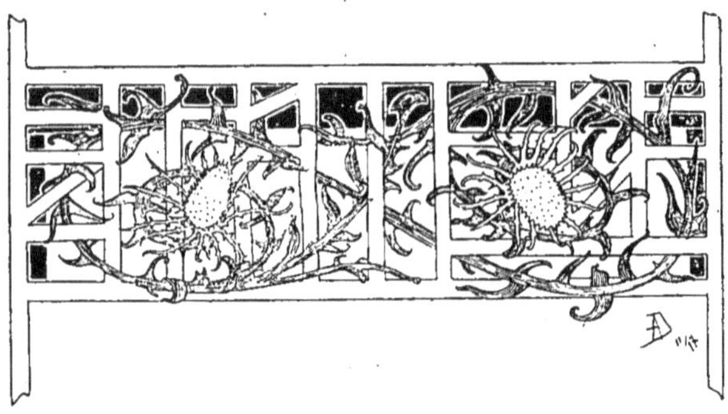

XXI

Un vélodrome.

La *force centrifuge* est cette force qui éloigne de notre main la pierre que nous faisons tourner rapidement au bout d'une ficelle ; si nous lâchons la ficelle, la pierre est projetée au loin. C'est le principe de la *fronde*. La force centrifuge agit aussi sur les liquides : faisons tourner rapidement, dans un plan vertical, un verre plein d'eau attaché au bout de notre ficelle, le fond du verre étant à l'extérieur du cercle décrit, pas une goutte d'eau ne s'en échappera.

C'est la force centrifuge qui empêche de tomber le *toton* et la *toupie* qui tournent, le *cerceau* et la *bicyclette* en mouvement, elle sert à *essorer* le linge dans les lavoirs, à égoutter la laitue dans le *panier à salade*, à *turbiner* le sucre dans les raffineries ; elle peut causer de terribles accidents par l'éclatement des *meules d'émeri* tournant à une trop grande vitesse.

Elle causerait des déraillements dans les courbes des chemins de fer si l'on n'avait soin de relever un peu le rail extérieur (*dévers*).

Enfin, l'expérience de la *pièce tournante* vient

Un vélodrome dans un abat-jour.

nous montrer pourquoi, dans nos vélodromes, on relève, en forme de cuvette, les tournants ou *virages*, afin d'empêcher les coureurs d'être projetés hors de la piste par la force centrifuge.

Tenez une pièce de cinq francs entre le pouce et le médius (doigt du milieu) de la main droite, l'index appuyé sur la tranche. Lancez-la à l'intérieur d'une cuvette en faïence de forme conique, en donnant à la pièce un petit mouvement de rotation sur elle-même, et vous la verrez rouler en faisant le tour de la cuvette, ce qui constitue un jeu des plus amusants.

Lorsque sa vitesse de rotation diminue, elle descend vers le fond de la cuvette, mais il suffit de donner à celle-ci un petit mouvement de va-et-vient pour que la vitesse augmente, ce qui fait remonter la pièce vers le bord et finirait même par la chasser à l'extérieur. Vous pourrez faire tourner deux pièces au lieu d'une, et remplacer la cuvette par un saladier, une terrine, un bol, ou enfin, si vous craignez le bruit, par un abat-jour en carton ordinaire.

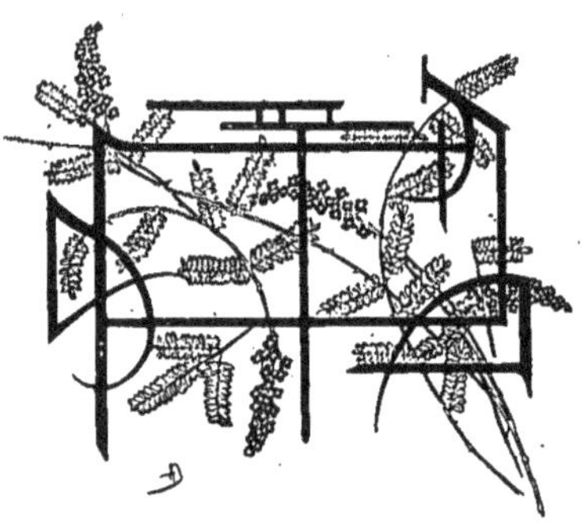

Pesanteur.

XXII

Faire tenir un œuf debout
sur sa pointe.

Cristophe Colomb était un homme célèbre qui a découvert l'Amérique et qui faisait tenir un œuf sur sa pointe. Ce début, absolument authentique, d'une rédaction d'examen, montre, que dans l'esprit du jeune candidat, il y avait autant de mérite à faire tenir un œuf debout sur sa pointe qu'à doter notre vieux monde d'un continent nouveau.

Et encore, il faut bien le reconnaître, Colomb avait un peu choqué l'œuf contre la table, de façon qu'il pût se tenir en équilibre stable sur la pointe ainsi aplatie.

Il nous faut aujourd'hui montrer comment vous pourrez faire tenir un œuf debout sans briser le bout de sa coquille.

Faire tenir un œuf debout sur sa pointe.

Nous savons que, au milieu du blanc de l'œuf qu'on appelle l'albumine, nage une poche ronde contenant un liquide jaune.

Si nous secouons violemment notre œuf (un œuf bien frais), nous crevons cette poche, et le jaune des-

cend vers la pointe inférieure de l'œuf dont nous tenons
le grand axe vertical.

Dès lors, avec très peu de tâtonnements, nous
pourrons arriver à faire tenir notre œuf debout sur
sa pointe, la présence du jaune à la partie inférieure
ayant abaissé le centre de gravité de manière à assurer la stabilité de l'équilibre.

Vous pouvez, avec un peu d'adresse, faire tenir
ainsi un œuf sur une boule de rampe d'escalier ou
un globe de pendule!

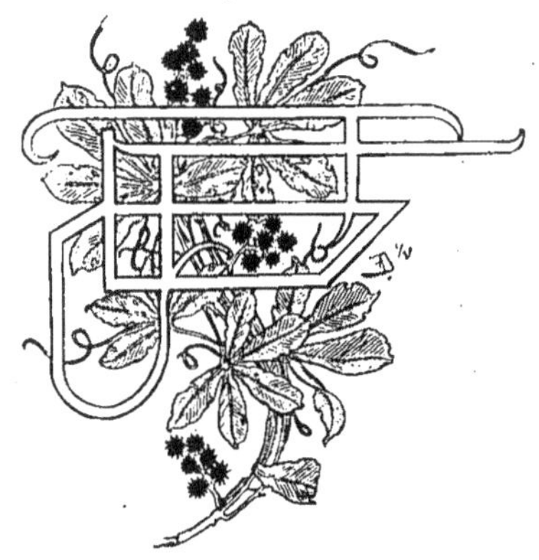

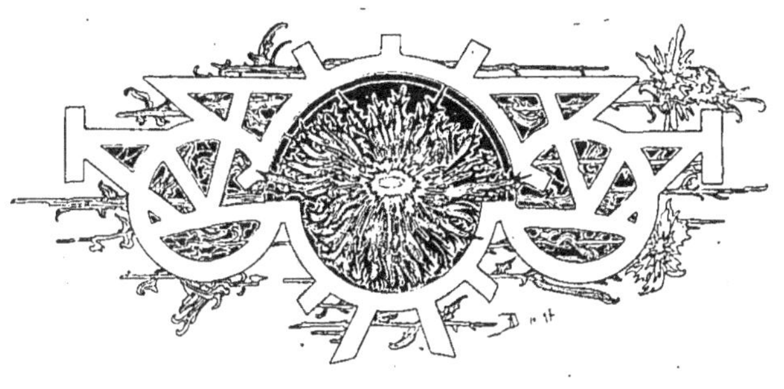

XXIII

Mettre de l'eau et du vin dans un verre et boire l'eau pure et le vin pur.

La *densité* d'un liquide est le rapport entre le poids d'un litre de ce liquide et le poids d'un litre d'eau. Comme le litre d'eau pèse 1 kilo ou 1 000 grammes, nous dirons, par exemple, que le vin de Bordeaux, dont 1 litre pèse 0 k. 994, aura pour densité $\frac{994}{1000}$, ou 0,994. Nous savions déjà que le vin est plus léger que l'eau, et nous pouvons le démontrer à table à l'aide de l'expérience suivante. Versons de l'eau dans notre verre, de façon à en remplir la moitié, puis, prenant la bouteille de vin rouge, versons ce vin goutte à goutte et très lentement le long des parois du verre. Arrivant ainsi sans choc à la surface de l'eau, le vin ne se mélange pas avec elle, mais s'étale en une belle nappe rouge, qui augmente d'épaisseur à mesure que nous continuons à verser, l'eau du dessous restant parfaitement claire et transparente.

Pour réussir encore plus facilement, vous pouvez mettre sur l'eau une mince croûte de pain, grande comme une pièce de 5 francs en argent, et c'est sur le milieu de cette croûte que vous faites tomber le

Le vin pur sur l'eau.

vin en un mince filet. Une fois le vin versé, retirez délicatement la croûte avec le manche d'une cuiller et montrez à vos convives que l'eau et le vin ne se sont pas mélangés. Plus simplement encore, vous pouvez verser le vin sur la lame de votre couteau, placée presque horizontalement, le bout de la lame touchant le bord intérieur du verre. Proposez à quelqu'un de boire le vin qui est en haut du verre; il sera tout surpris de sentir qu'il ne boit pas ce vin pur, mais qu'une partie de l'eau est aspirée en même temps que le vin.

Pour boire pur l'un ou l'autre liquide, le vin ou l'eau, il faut l'aspirer au moyen d'un chalumeau de paille ou d'un tube de macaroni dont le bout plonge soit dans le vin, en haut du verre, soit dans l'eau qui est au fond. Pour rendre l'expérience encore plus amusante, vous pouvez verser au-dessus du vin une couche d'huile, et, sans l'aide du brin de paille ou du macaroni, l'amateur sera bien embarrassé pour boire pur le vin qui se trouve entre une couche d'eau et une couche d'huile. Ceci nous montre que les liquides se superposent par ordre de densité, le plus lourd allant au fond naturellement.

Voici quelle est la densité de quelques liquides :

Mercure.............	13,593	Vin de Bordeaux....	0,994
Lait..	1,030	Huile d'olive........	0,915
Eau de mer........	1,026	Esprit de bois.......	0,798
Eau distillée.......	1,000	Alcool............ ..	0,792

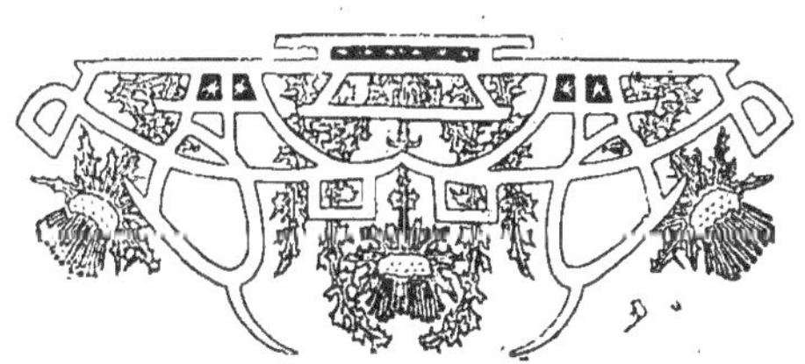

XXIV

La pièce sur le bord d'un verre.

Si vous posez le bord d'une pièce de 5 francs sur le bord d'un verre, il est clair que la pièce tombera sur la table. Pourquoi? Parce que le centre de gravité de la pièce est au centre de cette pièce, et que le centre de cette pièce est en dehors du verre qui lui sert de point d'appui.

Mais il y a un moyen très simple de déplacer le centre de gravité; il consiste à mettre le bord de la pièce opposé à celui qui pose sur le verre entre les dents du milieu de deux fourchettes dont les manches sont dirigés l'un à droite, l'autre à gauche; ces manches, qui viennent se placer de part et d'autre du verre, reportent à l'intérieur du verre le centre de gravité du système formé par la pièce et les deux fourchettes; dès lors la pièce se tient en équilibre sur le bord du verre. Si le verre contient de l'eau, vous pouvez, en allant doucement, verser cette eau dans un

autre verre, la pièce restant horizontale. Enfin les plus
habiles d'entre mes lecteurs pourront essayer de boire

La pièce sur le bord d'un verre.

l'eau du verre sans faire tomber la pièce, ce qui est un
peu plus difficile; mais on y arrive très bien avec un
peu d'exercice, et cette expérience constitue un très
joli tour de société.

Pression atmosphérique.

XXV

Le journal plus fort qu'un homme.

Posez en porte-à-faux, sur le bord d'une table, une planchette en bois mince de 50 centimètres à 1 mètre de longueur environ, ou, à défaut de cette planchette, une grande règle plate, comme celles qui servent pour le dessin linéaire.

En soufflant simplement sur le bout de la planchette, vous la ferez basculer et tomber par terre, ce que vous faites constater au public. Choisissez maintenant l'homme le plus fort de la société, et pariez avec lui qu'il ne pourra faire tomber la planchette, replacée dans la même position, c'est-à-dire débordant la table de la moitié de sa longueur, et cela en donnant sur le bout qui dépasse un vigoureux coup de poing!

La seule condition du pari, c'est que vous étendrez un journal de grand format sur la table, ce journal recouvrant l'autre bout de la planchette. Les amateurs

se présentent à l'envi pour soutenir la gageure,
chacun d'eux donne sur le bout de la planchette un
robuste coup de poing, mais ils ne réussissent qu'à

Le journal plus fort
qu'un homme.

se faire mal à la
main ou à fendre la
planchette, qui ré-
siste au choc comme
si elle était collée ou vis-
sée à la table. Impossible,
même à un hercule, de la
faire basculer.

Il y a là un phénomène très curieux dû à la brusque
compression de l'air atmosphérique, s'exerçant sur
toute la surface du journal. En effet, le choc soulève
bien le bout de planche placé sous la feuille, mais
aussitôt, par suite du vide produit sous le papier, la
pression de l'air applique contre la table tout le pour-

tour du journal, et cela d'autant plus fortement que le coup de poing a été mieux appliqué.

La seule condition pour réussir cette curieuse expérience, c'est que la planchette soit assez mince et que le journal ait été appliqué bien à plat sur toute la surface.

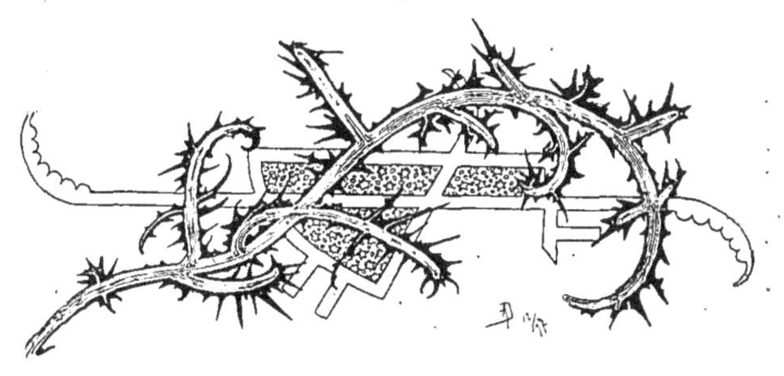

XXVI

La pièce dans l'eau.

Voici un jeu de société très amusant, et qui constitue en même temps une intéressante expérience sur la pression atmosphérique, c'est-à-dire sur la pression exercée par le poids de la colonne d'air qui entoure la terre. Versons un peu d'eau dans une assiette plate dans laquelle nous avons placé une pièce de monnaie. La pièce étant bien recouverte par l'eau, il s'agit de la retirer de l'assiette avec sa main, mais sans se mouiller les doigts!

Voici comment vous arriverez à ce résultat, qui semble tout d'abord impossible. Prenez un verre à boire que vous tenez par son pied, allumez un morceau de papier que vous faites brûler un peu dans le verre, et retournez vivement le verre en le mettant dans l'assiette, à côté de la pièce de monnaie qu'il ne doit pas recouvrir. Vous voyez immédiatement l'eau de l'assiette monter dans le verre, comme par enchan-

tement, et vous pouvez facilement reprendre la pièce,
qui n'est plus recouverte par le liquide. L'ascension
de l'eau dans le verre retourné est due à ce que, la

La pièce dans l'eau.

chaleur du papier enflammé ayant dilaté l'air contenu
dans le verre, et ce verre s'étant brusquement refroidi
lorsque vous l'avez posé dans l'assiette, il s'est produit dans le verre un certain vide qui a permis à la
pression de l'air de refouler l'eau à l'intérieur de ce
verre.

Voici maintenant une façon plus élégante de

chauffer l'intérieur du verre. Le morceau de papier enflammé est remplacé par une allumette-bougie piquée verticalement dans une boulette de mie de pain un peu aplatie; on allume l'allumette, on pose dans l'eau de l'assiette la boulette qui la porte, et on coiffe l'allumette enflammée avec le verre. L'effet produit est immédiat, et l'eau monte dans le verre comme si elle y était amenée par une pompe aspirante.

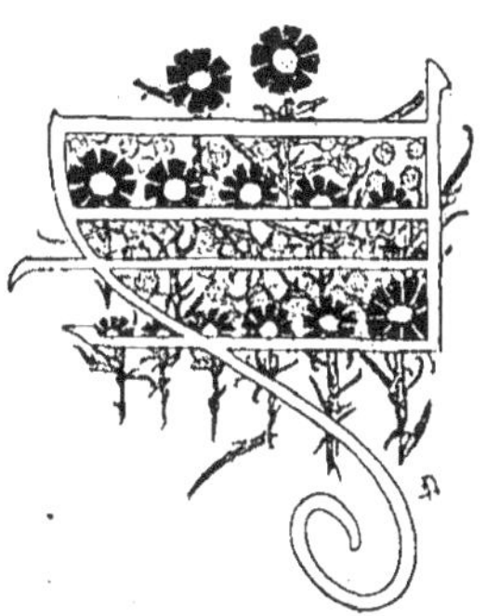

XXVII

Le ludion.

Collez ensemble, sur tout leur pourtour, avec de la cire à cacheter, les deux coquilles d'une noix vide; après y avoir intercalé les deux bouts d'un fil de fer de 10 centimètres de longueur. Repliez, en forme de crochet plat, le milieu de ce fil de fer, et mettez-y une pièce de 10 centimes et une de 5 centimes. Placez la noix dans l'eau et voyez si elle est assez bien lestée pour que, tout en flottant à la surface, la plus légère poussée la fasse descendre. Si le lest était trop fort pour la grosseur de la noix, remplacez par un corps plus léger la pièce de 5 centimes.

Essuyez votre noix ainsi lestée, et enfoncez entre les deux coquilles, du côté opposé à la pointe et qui est celui du bas, une aiguille à coudre chauffée; de façon à faire, dans la cire, un petit trou. Mettez maintenant la noix dans une carafe bien remplie d'eau: bouchez-la avec un gros bouchon et appuyez fortement sur celui-ci; vous *verrez la noix descendre*. Cessez d'appuyer et *la noix remontera aussitôt*. Cela durera aussi longtemps que vous le voudrez.

L'appareil que vous avez ainsi construit s'appelle un

ludion ; vous le voyez dans les foires sous la forme d'un pantin suspendu à une boule de verre creux percée d'un petit trou et qui monte et descend dans le bocal magique du diseur de bonne aventure. Voici l'explication de son fonctionnement : En appuyant sur le bouchon, vous pressez sur l'eau de la carafe, et, comme cette eau est incompressible, il entre par le petit trou de la noix un peu de liquide qui l'alourdit *et la force à descendre.*

Mais cette eau, que nous avons fait entrer dans la noix, y a comprimé l'air qui s'y trouvait. Dès que nous cessons d'appuyer sur le liquide, cet air se détend, chasse l'eau qui s'était introduite dans la noix, et celle-ci, devenue plus légère, *remonte à la surface.* Vous voyez qu'il n'y a là rien de bien sorcier, et qu'il faut être bien crédule pour attribuer à une puissance mystérieuse l'ascension ou la descente du ludion.

Voulez-vous un appareil encore plus simple? Fendez le bout d'un bouchon et mettez le bord d'un sou dans la fente (choisir un bouchon de mauvaise qualité et garni d'un grand nombre de trous). Faites flotter le bouchon ainsi lesté, et coupez-le jusqu'à ce que, comme tout à l'heure pour la noix, la plus légère poussée le fasse descendre. Mettez-le dans la carafe, fermez celle-ci avec le gros bouchon et vous aurez un ludion fonctionnant parfaitement. Et pourtant, me direz-vous, le petit bouchon est plein tandis que la noix était creuse? C'est une erreur : le petit bouchon est criblé de trous qui sont remplis d'air, mais dans lesquels l'eau peut pénétrer par la pression exercée

Le ludion.

sur le liquide de la carafe ; choisissez donc un bouchon
contenant le plus possible de ces trous, dont chacun
joue le rôle de la coquille vide de tout à l'heure.

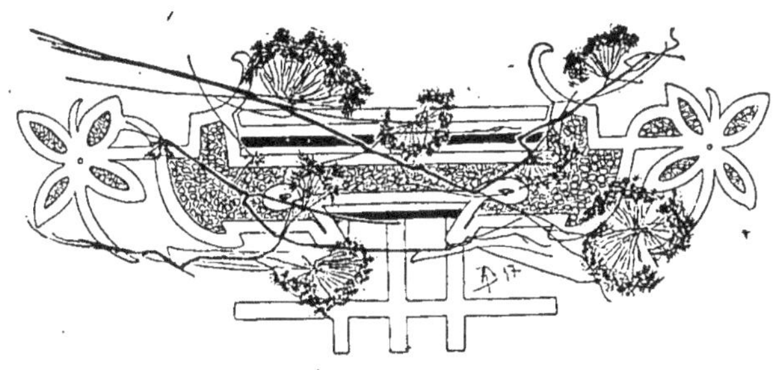

XXVIII

Enlever d'une assiette, sans la toucher, une pièce de 50 centimes.

C'est un bol ordinaire qui permet de résoudre ce problème.

Mettez la pièce de 50 centimes au milieu d'une rondelle de papier, dont le diamètre sera un peu plus petit que celui du bol. On peut prendre, à la place du bol, un verre, une timbale, etc. Le papier portant la pièce étant mis dans l'assiette, recouvrez-le avec le bol. Prenez le pied de ce bol dans votre main, enlevez le bol brusquement; vous produisez une aspiration d'air qui enlève la feuille de papier et la pièce, et celle-ci retombe en dehors de l'assiette, si vous avez eu soin d'enlever le bol non pas verticalement mais dans une direction un peu oblique.

Cette amusante récréation vient nous rappeler en petit le phénomène des *trombes* dans lesquelles l'as-

Enlever, sans la toucher, une pièce de 50 centimes placée dans une assiette.

piration verticale de l'air de bas en haut suffit pour soulever la mer en cônes immenses, ou pour déraciner des forêts entières.

XXIX

Le secret de la mer.

C'est aux habitants des bords de la mer, aux marins amateurs ou professionnels, aux passagers désireux de se distraire au milieu d'une longue traversée transatlantique, que s'adresse cette récréation.

Elle n'exige, comme accessoires, qu'une corde de 40 mètres de long environ (ou, si vous le préférez, un filin de 25 brasses, en termes de marine) et une bouteille de vin rouge bien bouchée, et consiste tout simplement à attacher l'un des bouts de la corde au goulot de la bouteille, puis à descendre la bouteille dans la mer, après l'avoir lestée avec une pierre, à un endroit où le fond soit au moins de 35 à 40 mètres. Ces profondeurs se rencontrent assez souvent près des côtes de la Manche et de l'Océan, ainsi que de la Méditerranée.

L'opérateur qui tient la corde a fait remarquer au public que la bouteille est solidement bouchée; de

plus, il prie l'un des spectateurs de faire sur le haut
du bouchon une entaille
distinctive à l'aide d'un
canif.

Aussitôt descendue à
fond, la bouteille est remontée et voici ce que
l'on constate : la bouteille
ne contient plus une goutte

Le secret de la mer.

de vin rouge, qui est remplacé par de l'eau de mer ;
de plus, et c'est là que cette expérience semble toucher
à la magie, le bouchon sur le haut duquel on avait
fait une marque est encore enfoncé dans le goulot,
mais il a fait la culbute, et c'est le côté entaillé qui
se trouve à l'intérieur ! C'est à croire qu'un facétieux
génie habitant les profondeurs de l'Océan a bu le vin
et s'est amusé à reboucher le flacon, en mettant le
bouchon à l'envers pour intriguer les spectateurs
lorsque la bouteille sera remontée à la surface.

Inutile de vous dire qu'il n'y a rien de magique
dans cette curieuse expérience.

Ce phénomène est dû à la pression atmosphérique,
qui augmente considérablement à mesure qu'on s'en-
fonce dans la mer, et à la décompression qui se produit lorsque la bouteille revient à la surface. La forte
pression existant au fond a enfoncé le bouchon dans
la bouteille, et l'eau de mer se précipitant est venue
chasser complètement le vin et remplir la bouteille.
Le bouchon a culbuté et c'est son bout le plus étroit
qui est venu se présenter vers le haut du goulot.
Lorsqu'on a remonté la bouteille, la pression extérieure a diminué, et la pression intérieure a violemment chassé le bouchon vers le haut, où il se trouve
retenu par sa partie élargie.

Élasticité.

XXX

L'œuf sauteur.

Prenez un œuf dur et mettez-le dans un de ces verres à champagne de forme pointue et allongée que l'on appelle une *flûte*. Tenez ce verre obliquement dans une de vos mains, comme vous l'indique notre dessin, et soufflez fortement entre l'œuf et le bord intérieur du verre; aussitôt l'œuf s'échappera du verre, comme poussé par un ressort, et viendra retomber dans un second verre de même forme que vous tiendrez obliquement dans l'autre main.

Soufflez dans le second verre, comme vous l'avez fait pour le premier, et l'œuf sautera de nouveau d'un verre dans l'autre, au grand amusement de l'assistance. Vous pourrez vous exercer à éloigner les verres le plus possible l'un de l'autre, et si l'œuf venait à manquer son coup et à se briser, le malheur ne serait pas bien grand; vous le mettriez dans la salade!

Cette expérience, très facile à exécuter par tout le

L'œuf sauteur et l'air comprimé.

monde, vient nous montrer que les gaz, et en particulier l'air que nous respirons, sont *compressibles* et *élastiques*. En soufflant entre l'œuf et le verre, nous avons comprimé de l'air dans le fond de ce verre;

dès que l'air a atteint une pression suffisante, il s'est détendu, par suite de son élasticité, et a chassé l'œuf, tout comme les gaz produits par la combustion de la poudre chassent le boulet hors du canon.

Si vous ne pouvez vous procurer des flûtes à champagne pour notre expérience de l'œuf sauteur, vous la réussirez également avec des verres à bordeaux ordinaires.

Rappelons ici que l'air comprimé nous rend les plus grands services; il permet aux ouvriers de travailler sous l'eau, grâce aux *cloches à plongeurs;* il nous aide à *activer notre feu* avec un *soufflet* et les feux de forge de la métallurgie à l'aide des *machines soufflantes;* il chasse les projectiles des *fusils à vent;* il transmet la *force à distance*, et a permis ainsi de percer des tunnels dans les montagnes; il nous fournit l'*heure pneumatique* dans les villes et nous apporte la *force motrice* dans nos maisons; il sert à mettre en mouvement certains *tramways* ainsi que les *dépéches pneumatiques;* il allume l'amadou du fumeur dans le *briquet à air*, etc.

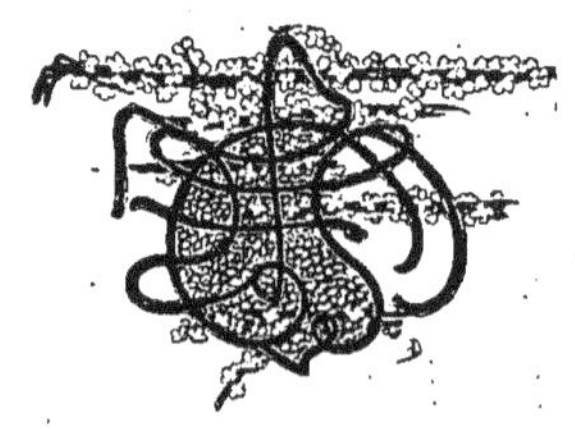

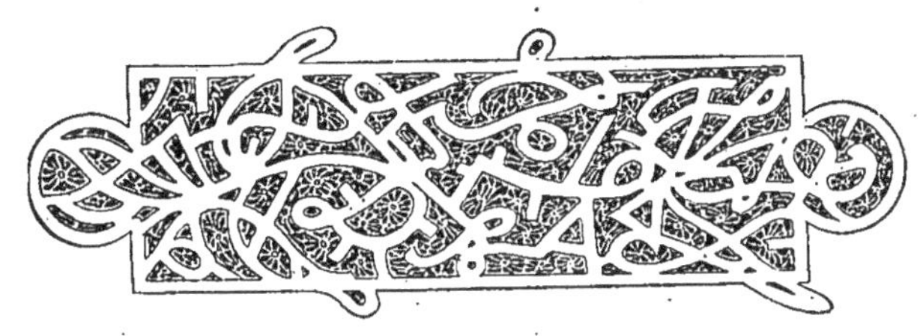

XXXI

Laquelle des deux?

On sait que l'air, de même que les autres gaz, est très compressible. Les liquides ne le sont presque pas, et l'expérience qui le démontre se fait facilement sans laboratoire; il suffit, lorsqu'on met du vin en bouteilles, de s'obstiner à boucher une bouteille trop pleine. Au premier coup de battoir donné sur le bouchon, le fond de la bouteille s'en va... et le vin aussi!

Les corps solides, tels que le bois, le papier, les étoffes, sont plus ou moins compressibles; le liège, le bois blanc, le sont beaucoup; les bois durs le sont très peu. Les métaux sont compressibles; nous en avons la preuve dans les pièces de monnaie et les médailles qui conservent l'empreinte reçue sous le balancier. Mais il est bien évident que cette compressibilité varie avec l'état dans lequel ces corps se trouvent, témoins notre expérience d'aujourd'hui, qui peut être présentée sous forme d'un jeu de société très amusant.

Tirez légèrement le tiroir d'une boîte d'allumettes
suédoises, et enfoncez, entre ce tiroir et les côtés de
la boîte, les extrémités non garnies de phosphore de

Laquelle des deux?

deux allumettes qui figureront deux montants verti-
caux. Entre les deux bouts phosphorés de ces deux
allumettes, placez-en une troisième, figurant une traverse horizontale; elle écartera les deux montants

de leur position verticale, et ceux-ci la maintiendront serrée entre eux.

Cela fait, mettez le feu, à l'aide d'une quatrième allumette, *au milieu* de l'allumette horizontale, et demandez au public laquelle des deux allumettes verticales s'enflammera la première, lorsque le feu aura atteint les bouts de la troisième. Les uns parieront pour celle de droite, les autres pour celle de gauche, et ils constateront au bout d'un instant qu'ils ont tous perdu. En effet, l'allumette horizontale, dont le milieu s'est carbonisé, n'a pu résister à la compression et a été violemment projetée loin de la boîte par les deux autres, agissant sur elle comme des ressorts.

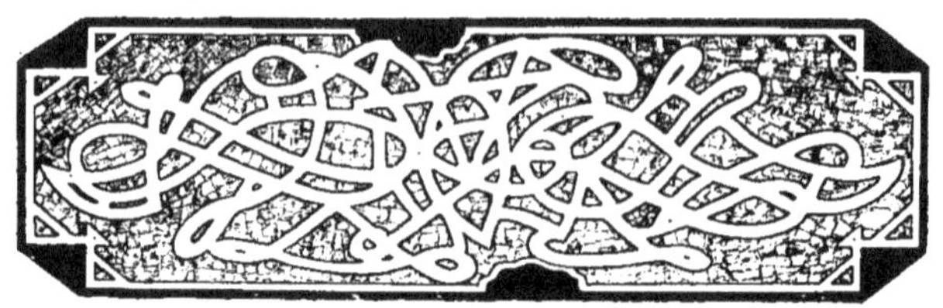

XXXII

Une boulette de pain frais.

Prenez une boulette de pain frais, de la grosseur
d'une noix, et pétrissez-la dans vos mains en lui
donnant la forme indiquée sur notre dessin, c'est-à-
dire celle d'une boule toute garnie de saillies.

Cela fait, vous pouvez jetez fortement cette boulette
contre le mur, la laisser tomber d'une grande hauteur,
ou encore, après l'avoir posée sur une table, la frapper
à grands coups de poing; non seulement la boulette
ne sera pas brisée par le choc, mais encore elle ne se
déformera même pas.

Ce phénomène très curieux est dû à l'élasticité de
la mie de pain frais; si la mie de pain a été bien pétrie
de manière à former une pâte homogène, elle reprendra
toujours sa forme, malgré toutes les tentatives que
l'on aura faites pour l'aplatir.

Les corps sont plus ou moins élastiques, c'est-à-dire
qu'ils possèdent plus ou moins la propriété de
reprendre leur forme primitive quand on a cessé de

les comprimer ou de changer leur forme. Les gaz
sont au contraire très élastiques, comme le démontre

Une boulette de pain frais.

l'expérience de l'œuf sauteur (voir page 89). Les
liquides, bien que très peu compressibles, sont aussi
très élastiques. Les solides le sont plus ou moins :
les plus remarquables par leur élasticité sont : le
caoutchouc (d'où son nom de gomme élastique),

l'acier, l'ivoire, la baleine, le cuivre, le marbre, le verre, le crin, la laine, la plume, etc. Enduisez de noir de fumée un petit espace d'un marbre de cheminée ou de commode; faites tomber d'un peu haut sur l'endroit noirci une bille de billard ou une bille d'écolier; vous verrez que la bille a enlevé le noir de fumée sur une surface beaucoup plus grande que si vous l'aviez posée doucement sur le marbre; elle s'est donc aplatie par le choc, puis son élasticité lui a rendu sa forme primitive.

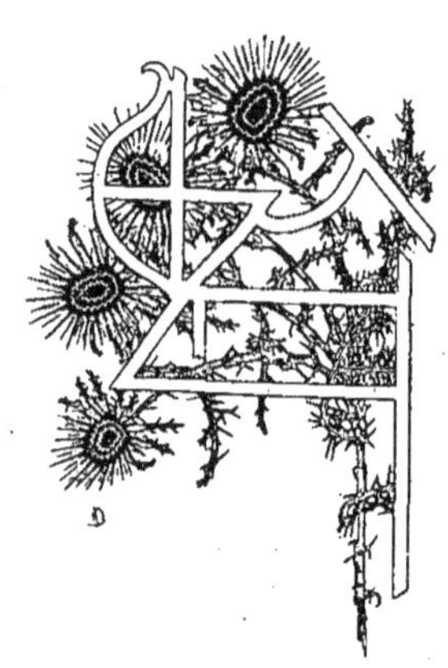

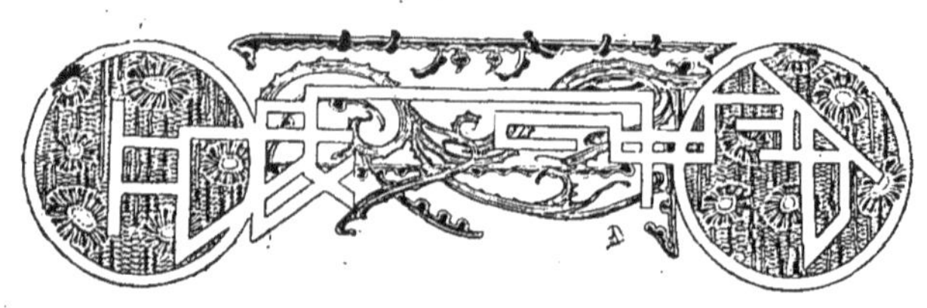

Capillarité.

XXXIII

Le verre qui ne déborde pas.

Lorsque nous regardons la surface du liquide dans
le tube d'un thermomètre à mercure, nous constatons
que cette surface n'est pas plane, mais est au contraire
fortement bombée ; ce bombement s'appelle un *ménisque
convexe*, contrairement au *ménisque concave* formé
par l'alcool dans le thermomètre à alcool. Cette diffé-
rence de forme provient de ce que le mercure ne
mouille pas le verre, tandis que l'alcool le mouille
aisément. Nous pouvons modifier l'expérience en
versant sur le marbre d'une commode une goutte
d'alcool ou une goutte d'eau qui s'y aplatira en mouil-
lant le marbre, tandis qu'une goutte de mercure
prendra la forme d'une boule un peu aplatie, ce qui
lui permettra de rouler facilement, d'où le nom de
vif-argent donné à ce métal.

Ces ménisques, convexes et concaves, semblent donner tort au principe de physique disant que *la surface d'un liquide est plane et horizontale*, mais cette contradiction n'est qu'apparente : car, dans le cas qui

Le verre qui ne déborde pas.

nous occupe, il faut compter avec une force appelée la *capillarité*, qui provoque l'ascension des liquides dans les tubes très étroits, dans les canaux des corps poreux, et joue un rôle important dans les mouvements de la sève chez les végétaux.

Voici une expérience très simple qui nous fera bien comprendre la formation d'un ménisque convexe.

Prenons un verre et remplissons-le d'eau jusqu'au bord, mais en nous arrêtant dès que le ménisque formé par l'eau est concave; l'eau atteindra, sur le pourtour, le bord du verre, mais au centre elle sera un peu plus bas. Nous montrons aux spectateurs que l'eau, qui mouille le verre, forme un ménisque concave.

Mettez, à côté de ce verre plein d'eau, une pile de pièces de 5 francs en argent (ou tout simplement des pièces de 10 centimes), et annoncez que vous allez mettre plusieurs de ces pièces dans le verre sans qu'une seule goutte en déborde. Vous les faites en effet tomber dans le verre, l'une après l'autre et avec précaution; lorsqu'il y en a un certain nombre, vous montrez au public que le liquide s'est renflé en forme de ménisque convexe, dont le niveau est au-dessus du bord du verre. C'est ce renflement qui a permis aux pièces de monnaie de se loger dans le verre plein sans le faire déborder.

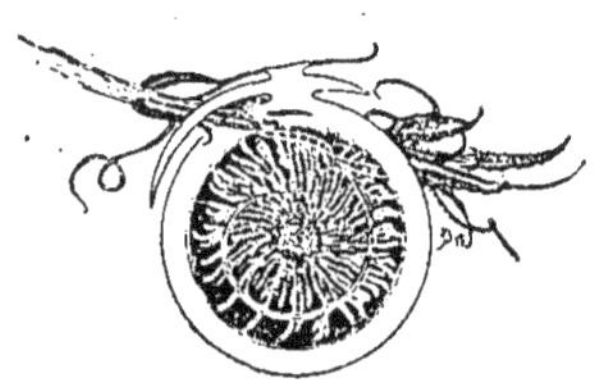

Optique.

XXXIV

Le monde à l'envers.

Plaçons-nous dans une chambre exposée au soleil et fermons les volets de façon à créer une obscurité aussi complète que possible. Si nous pratiquons dans l'un des volets une petite ouverture à l'aide d'une vrille et que nous placions une feuille de papier blanc devant ce trou et à une certaine distance, nous verrons se peindre sur l'écran l'image des objets du dehors, promeneurs, animaux, monuments et paysage, le tout avec ses couleurs véritables; mais le clocher de l'église sera à l'envers, les chevaux marcheront les pattes en l'air, les promeneurs iront la tête en bas!

C'est le phénomène connu en physique sous le nom de chambre noire. Il démontre que les rayons lumineux, se propageant en ligne droite, viennent, après leur passage par le trou du volet, former sur l'écran une image renversée des objets placés à l'extérieur. C'est par un phénomène semblable que, dans l'ombre d'un arbre, les petites ouvertures, de formes très diverses, que laissent entre elles les feuilles, produisent sur le sol des images dont la forme rappelle celle du soleil, et qui sont des ellipses, à cause de l'obliquité des rayons solaires.

Si vous placiez une feuille de papier perpendiculairement à ces rayons, à l'ombre de l'arbre, les images seraient des cercles lumineux. Pendant les éclipses partielles de soleil, quand le soleil éclipsé prend la forme d'un croissant lumineux, les images prennent elles-mêmes la forme de petits croissants, donnant le dessin renversé du croissant lumineux du soleil.

Rien d'amusant comme de regarder à la chambre noire du photographe, en se couvrant bien la tête du voile noir; on voit les amis dont on va faire la photographie se dessiner, la tête en bas, sur la plaque de verre dépoli, ce qui provoque toujours quelque surprise. Vous pouvez, à peu de frais, vous fabriquer une chambre noire de la manière suivante : Prenez une boîte en carton de forme allongée; au milieu de l'un de ses bouts, percez un trou d'épingle (ce trou remplacera l'objectif); dans le bout opposé, découpez avec le canif un espace carré, et collez, à l'intérieur de la boîte, un papier transparent remplaçant le carré de carton que vous venez d'enlever. Remettez le couvercle sur la boîte, mettez-vous à la fenêtre par un beau soleil, en tournant le trou du côté de la rue.

Enveloppez l'autre bout de la boîte et votre tête avec
un voile épais (châle, tapis de table, etc.) et vous
verrez se peindre sur votre écran le tableau à l'envers

Le monde à l'envers.

de la rue : omnibus
et voitures, prome-
neurs et monu-
ments, ce qui cons-
tituéra une distraction des plus amusantes. Avec les
volets fermés et percés d'un trou, l'expérience sera visible
pour plusieurs spectateurs, sans emploi du voile noir.

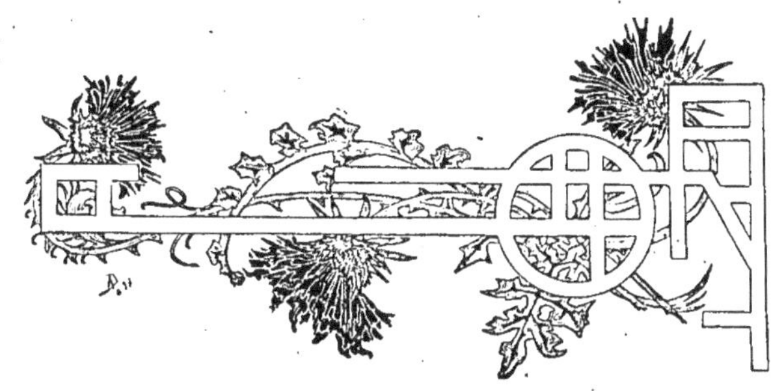

XXXV

Verre grossissant.

Le verre de lampe vient de se casser. Au lieu de vous désoler de cet accident, profitez-en pour transformer le morceau cylindrique qui reste en un instrument qui aura dix fois la valeur du verre neuf, et cela de la manière suivante :

Il faut d'abord égaliser les deux bouts cassés du cylindre, à supposer que le verre se soit brisé en trois morceaux ; le plus souvent, le verre claque sur son pourtour à la hauteur de la flamme. Dans ce cas, il n'y a qu'un seul bout à rectifier. Cela va me permettre de rappeler ici comment l'on peut, sans employer le diamant des vitriers, couper régulièrement un cylindre de verre : verre de lampe, verre à boire, bouteille, etc.

Il y a d'abord le moyen *du charbon de bois incandescent*, qui nous permettra de découper une bouteille en hélice ; au lieu de charbon de bois, nous pouvons

couper le verre avec un *tisonnier* rougi au feu, ou
bien encore entourer le verre d'un fil de *coton imbibé
d'alcool* que nous enflammons; le verre, dès qu'il est

Verre grossissant.

ainsi chauffé, est trempé dans l'eau froide et se
coupe exactement suivant le contour couvert par le
coton.

Vous pouvez aussi frotter le verre au moyen d'une
ficelle bien tendue et qui en fait le tour; en faisant
aller et venir le verre, le frottement de la ficelle

l'échauffe, et on le fait ensuite tremper dans l'eau froide, où il se coupe de lui-même juste à l'endroit qu'entourait la ficelle.

Votre verre de lampe bien coupé, bouchez l'un des bouts avec un gros bouchon; remplissez-le d'eau complètement et bouchez l'autre bout avec un second bouchon percé d'un petit trou par lequel l'excédent d'eau pourra sortir; fermez ce trou avec une petite cheville de bois, et vous avez un cylindre d'eau, bien exempt de bulles d'air, qui constituera un excellent instrument d'optique. En le promenant sur un texte écrit très fin ou imprimé en petits caractères, vous verrez qu'il les grossit aussi bien que la meilleure loupe, et cela sur toute la largeur de la ligne. Vous pouvez mettre dans les deux bouchons deux chevilles destinées à recevoir les deux bouts d'un fil de fer, arrondis en forme d'œillets, ce fil de fer étant plié de façon à former un manche.

XXXVI

L'épingle renversée.

Je vous prie de tenir verticalement, par la pointe
et la tête en l'air, une épingle ordinaire en vous
annonçant que, à l'aide d'une simple carte de visite,
je vais vous faire voir cette épingle à l'envers, c'est-à-
dire la tête en bas.

Rien de plus simple que cette curieuse expérience;
il suffit pour cela de faire avec l'épingle un trou dans
la carte de visite, puis de tenir la carte de la main
gauche à environ 4 centimètres de l'œil droit, l'œil
gauche étant fermé, le trou de la carte en face de
l'œil; ce trou vous apparaîtra alors bien éclairé par
la lumière du jour ou par la lampe. Faites passer
maintenant votre épingle, maintenue à 2 centimètres
environ de votre œil droit, entre cet œil et le trou, et
de droite à gauche; vous verrez distinctement, de

l'autre côté du trou, une épingle noire se mouvant
de gauche à droite.

De plus, si vous élevez ou abaissez la tête de votre
épingle de façon qu'elle se place juste en face du

L'épingle renversée.

trou de la carte et sur la ligne droite allant de votre
œil à ce trou, vous verrez, de l'autre côté de la carte,
une épingle noire renversée, c'est-à-dire ayant la
tête en bas, comme si un farceur de l'assistance

tenait cette nouvelle épingle renversée derrière la carte.

Ce curieux phénomène est dû à ce que notre œil voit les images renversées, et que nous les retournons par l'éducation de nos sens; l'ombre de l'épingle, qui se peint droite au fond de notre œil, nous apparaît ainsi comme si nous la regardions la tête en bas.

Une fois que nous aurons bien compris cette expérience faite avec un seul trou dans la carte, nous chercherons ce qui arrive dans le cas où nous y aurions percé plusieurs trous.

Ce sera l'objet du chapitre suivant.

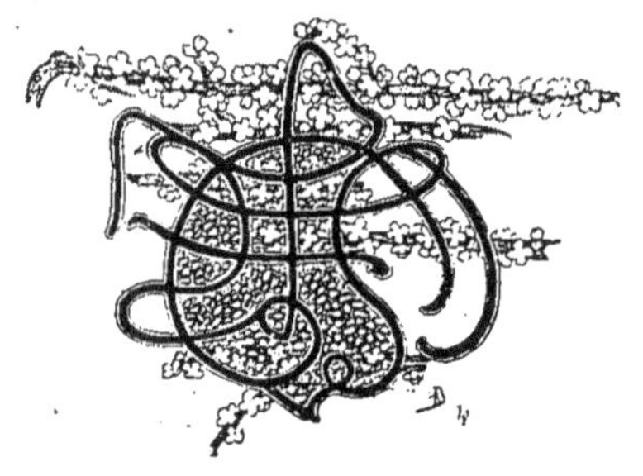

XXXVII

Trois trous au lieu d'un.

Voici une autre expérience du même genre que la précédente, aussi facile à exécuter et tout aussi curieuse. Je la rapporte de Londres, où elle m'a été indiquée par un ami de la « Récréation en famille », M. C.-V. Boys, le savant anglais bien connu pour ses travaux sur le filage du quartz, les bulles de savon, etc. M. Boys pique un seul trou avec une épingle dans une feuille de papier, et, quand vous regardez ce trou devant la lumière du soleil ou de la lampe, il se charge de vous en faire voir trois au lieu d'un, et cela par le moyen fort simple que voici : il suffit de percer trois trous fort rapprochés, formant un triangle, dans une seconde feuille de papier B, et de regarder le trou de la première feuille A, en interposant la feuille B entre l'œil et A. Votre œil, le centre du triangle de B et le trou de A doivent être en ligne droite. Quant à la distance de l'œil, qui varie avec la vue de chacun, elle est de 6 centimètres environ pour B et de 13 centimètres pour A.

Les deux feuilles sont donc écartées de 7 centimètres environ; mais vous les éloignez ou les rapprochez l'une de l'autre jusqu'à ce que vous aperceviez le trou de A. Or, au lieu d'un seul point brillant, vous en apercevez 3 très distinctement, comme si A avait été percé de 3 coups d'épingle! De plus, si vous avez disposé sur la feuille B les 3 points de manière à former un triangle

Trois trous au lieu d'un.

composé de deux points sur une même ligne horizontale surmontés d'un troisième point formant le sommet supérieur, vous constatez que les 3 points que vous voyez sur A reproduisent ce même triangle renversé, la ligne horizontale de deux points étant en haut et la pointe en bas.

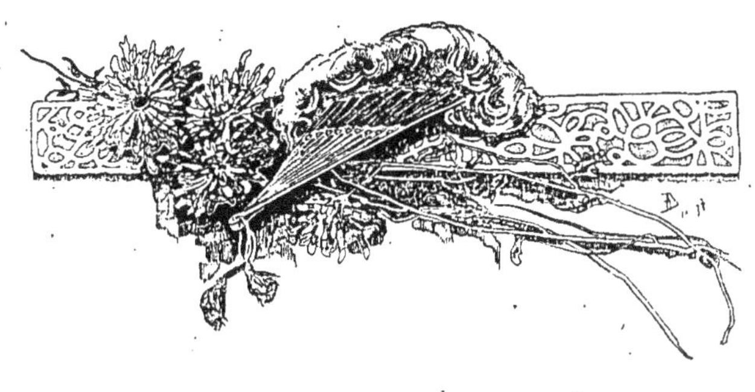

XXXVIII

Les fleurs lumineuses.

Tracez au crayon un cercle autour d'une pièce de
5 francs, sur une carte de visite. Percez la carte, à
l'intérieur de ce cercle, d'autant de trous d'épingle que
vous voudrez de façon à la faire ressembler à une
écumoire (dessin n° 1).

Sur une bande découpée dans une autre carte de
visite, qui servira d'écran, percez des trous d'épingle
formant des dessins quelconques placés les uns au-
dessous des autres (triangle, carré, hexagone, etc.)
comme l'indique notre dessin n° 2.

L'ensemble de ces trous, pour chaque petite figure,
doit être assez rapproché pour pouvoir être contenu
dans un cercle de 3 millimètres environ de diamètre.
Placez cet écran tout près de votre œil, et regardez, à
travers l'un de ces dessins (par exemple le carré),
l'ensemble des trous de la carte n° 1, que vous placez
devant la lampe ou devant une fenêtre bien éclairée.

Vous verrez instantanément chacun des trous de la
carte n° 1 changer d'aspect et reproduire exactement
le dessin renversé de l'écran n° 2.

Je suppose, par exemple, que vous ayez fait 97

Les fleurs lumineuses.

trous dans la carte, et que vous regardiez à travers le
carré de l'écran, formé de 4 trous. Vous verrez aussitôt la carte s'illuminer, comme par magie, de quatre
fois 97 points brillants, figurant 388 petits lampions !
Voulez-vous maintenant donner à l'expérience un
cachet artistique ? Dessinez sur la carte un pot à fleurs

contenant une plante dont vous n'avez tracé que les branches. A l'extrémité de chaque branche vous aurez piqué un trou avec une épingle. Priez une personne de regarder cette plante devant la lumière, en plaçant tout près de son œil l'écran, et de regarder à travers la figure formée de 6 trous. Instantanément, elle verra l'arbuste se couvrir de ravissantes fleurs lumineuses, - chaque fleur apparaissant comme par magie, formée de 6 points brillants partout où il y a eu un trou d'épingle.

Comme pour la carte n° 1, les trous de l'arbuste n° 3 devront ne pas couvrir une surface plus grande que celle d'une pièce de 5 francs.

XXXIX

Les battements du pouls.

Le mot *pouls* vient d'un mot latin qui veut dire : battement.

C'est le battement produit par la dilatation des artères toutes les fois que le cœur leur envoie du sang. Le docteur qui veut s'assurer si notre pouls bat régulièrement, ou si nous avons la fièvre, nous tâte le pouls en appuyant son doigt sur l'artère passant à notre poignet.

On a inventé, sous le nom de *sphygmographes*, des appareils très délicats et très coûteux, qui enregistrent ces battements, de sorte que, d'après le dessin tracé, le médecin voit non seulement si le malade a la fièvre, mais encore quelle est sa maladie, la fièvre typhoïde donnant par exemple des tracés différents de la fièvre scarlatine, et chaque fièvre ayant son dessin caracté-ristique.

Pour montrer les pulsations à un nombreux auditoire, il faudrait, pour les amplifier suffisamment, avoir une tige oscillante longue et légère, mais on comprend bien que plus la tige sera longue, et plus elle pèsera; or l'appareil, pour être sensible, doit

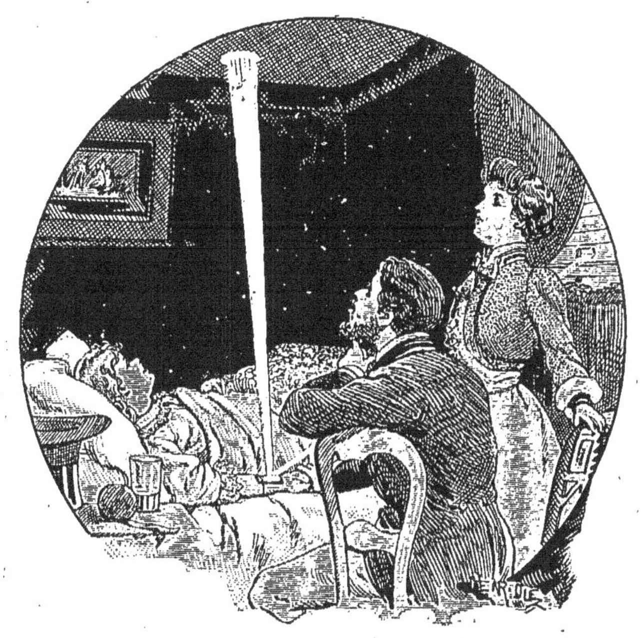

Les battements du pouls.

être très léger. Eh bien! je vais vous indiquer une tige qui pourra être aussi longue que vous voudrez sans augmenter de poids, par la bonne raison que c'est une tige qui ne pèse rien! Ma tige est un rayon de lumière, et mon sphygmographe un petit miroir ou tout autre objet poli, une lame de couteau, par exemple. Faites arriver sur un miroir un rayon de

soleil par le trou d'un volet dans une pièce obscure;
le miroir étant horizontal renverra la lumière au
plafond au moyen d'un rayon réfléchi; si nous incli-
nons le miroir, même légère-
ment, la lumière réfléchie au pla-
fond se déplacera d'autant plus que la chambre est plus haute. Ceci bien expliqué, voici comment ce miroir va vous servir à montrer

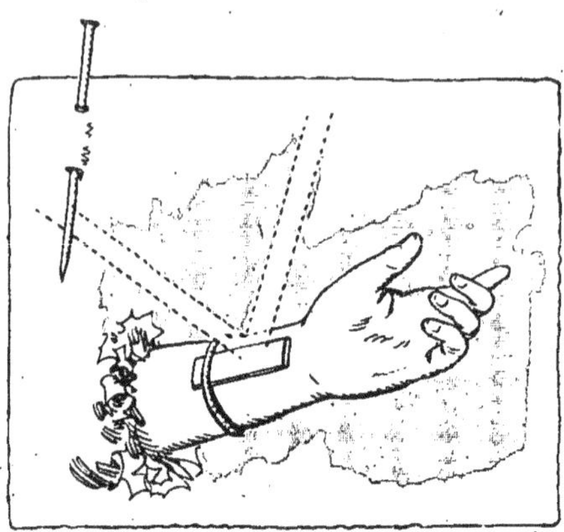

les battements du pouls. Attachez sur le poignet d'une
personne, à l'aide d'un bracelet de caoutchouc, le
bout d'un morceau de miroir rectangulaire de 3 à
4 centimètres de large sur 8 à 10 centimètres de longueur; placez ce miroir sur le trajet du rayon de
soleil entrant dans la chambre, et les spectateurs ver-
ront aussitôt une image lumineuse se mouvoir sur le
plafond, en se déplaçant dans son mouvement de
va-et-vient avec une rapidité plus ou moins grande.

Cette rapidité correspondra à la fréquence du pouls
de la personne sur qui l'on fait l'expérience.

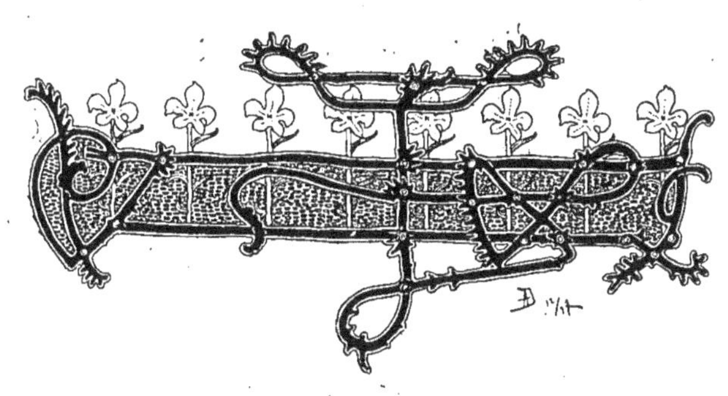

XL

Illusions d'optique.

Lignes obliques.

Nous avons appris comment, à l'aide d'une carte de visite percée d'un trou, nous voyons renversée l'ombre d'une épingle que nous tenons pourtant la tête en l'air.

Notre œil se laisse bien souvent tromper par des apparences du même genre, surtout lorsque nous lui demandons d'apprécier une distance, même assez faible.

Vos couturières, mesdames, savent bien choisir des rayures verticales pour les robes de celles d'entre vous qui ne se trouvent pas assez grandes ; des rayures horizontales, au contraire, diminueront la taille de celles qui sont d'une stature trop élevée.

Si, au carnaval, un homme habillé en femme nous

semble si grand, c'est que les longs plis de sa robe
jouent le rôle de rayures verticales.

Les lignes obliques ont aussi leur influence pour

Lignes obliques.

diminuer ou augmenter, en apparence, la longueur
des lignes droites. Notre dessin ci-dessus en est la
preuve.

Voici deux lignes droites AB et CD, le long desquelles sont tracées des lignes obliques parallèles, suivant deux dispositions différentes. Si je vous demande laquelle de ces deux lignes vous semble la plus longue, ne direz-vous pas tous que c'est certainement la première, la ligne AB? Et pourtant, si vous mesurez les deux lignes qui vous semblent avoir deux longueurs si différentes, il vous faudra bien reconnaître que vous avez été le jouet d'une illusion d'optique, que votre œil vous a trompé, et que les lignes AB et CD ont toutes deux exactement la même longueur! Si vous mettez dans un autre sens le dessin, de telle sorte que CD devienne verticale et AB horizontale, vous constaterez que l'illusion n'en persiste pas moins et que AB semble bien être toujours la ligne la plus grande.

La conclusion de cette curieuse expérience, c'est que nous devons nous méfier de nos yeux dans l'appréciation des distance importantes, alors que nous venons de nous tromper d'environ $\frac{1}{10}$ sur l'évaluation d'une longueur de quelques millimètres.

Lignes parallèles.

Nous venons de voir que deux lignes de même longueur paraissent avoir des longueurs très différentes suivant qu'on les entoure de lignes obliques convergentes ou divergentes. Nous allons voir comment des lignes parfaitement parallèles semblent vouloir

se rencontrer lorsque ces lignes parallèles sont
coupées par des obliques. Regardez d'abord notre dessin, figure 1 ; ne vous semble-
t-il pas que les lignes larges
AB sont obliques les unes
par rapport aux autres? De
plus, les petites lignes *mn*,
semblables à des hachures

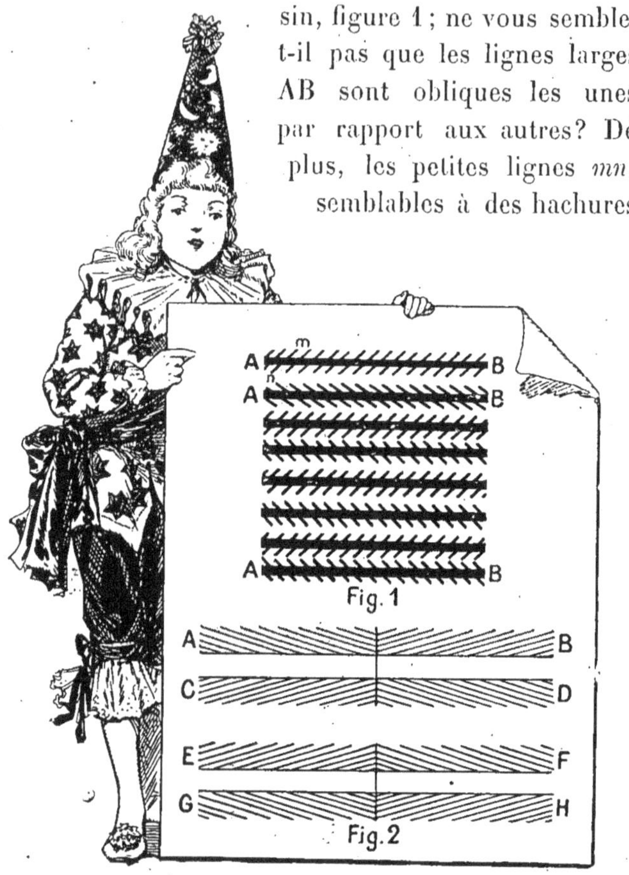

Lignes parallèles.

de dessinateur, qui coupent ces lignes AB, semblent
être des lignes brisées, et non de petites lignes droites.
Même illusion dans la figure 2, et l'on est forcé de

regarder par le côté du dessin pour constater que les lignes AB et CD sont parfaitement parallèles, de même que les lignes EF et GH.

Ces deux curieux exemples suffiraient à nous montrer que nos yeux peuvent quelquefois nous induire en erreur; nous aurons l'occasion d'en étudier encore d'autres.

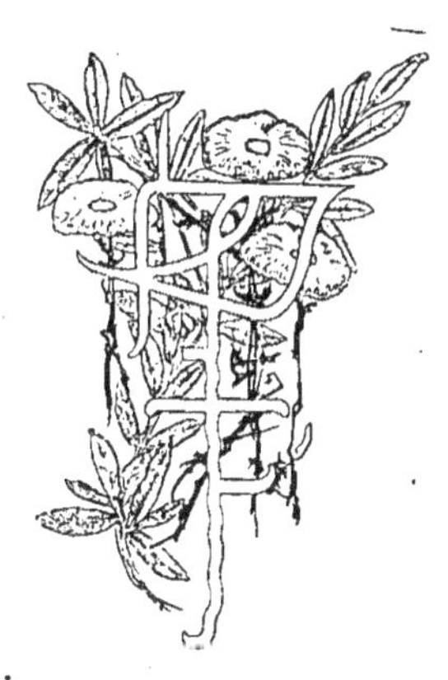

XLI

Les roues qui tournent.

Tracez une série de circonférences concentriques et noircissez les intervalles entre ces cercles de deux en deux, de façon à avoir des anneaux noirs séparés par des anneaux blancs de même épaisseur (fig. 1). Si vous regardez cette figure en imprimant un mouvement circulaire par un léger mouvement du poignet (analogue au coup de casserole que donne la cuisinière), les anneaux noirs paraissent tourner autour de leur centre, comme des roues de voitures ou des poulies dans une usine. Cette rotation semble avoir lieu dans le sens du mouvement réel que vous donnez au dessin, et chaque anneau décrit, ou plutôt paraît décrire, un tour complet, pendant que le dessin en décrit un réellement. L'illusion sera d'autant plus complète que vous ne regarderez pas le dessin trop directement ; regardez-le, mais en fixant pendant ce temps vos yeux sur un point voisin.

Ceci est déjà assez curieux, mais voici quelque chose d'encore plus extraordinaire. Faites tourner votre papier, comme tout à l'heure, en regardant la figure 2 de notre dessin, qui représente une sorte de roue d'engrenage portant à l'intérieur des dents assez espacées. Vous verrez cette roue tourner, mais, cette fois, son mouvement de rotation aura lieu en sens inverse de celui que vous imprimez au papier !

Il est bien entendu que, lorsque je parle de faire tourner le papier, je ne veux pas dire qu'il faille le déplacer entre vos mains, mais bien que, si vous tenez par exemple le dessin de la main droite, vous devez faire décrire à chaque point de la feuille un petit cercle, de gauche à droite, par exemple, sans que la main se déplace sur le papier. Dans ce cas, les roues sembleront tourner aussi de gauche à droite, dans le sens des aiguilles d'une montre pour la figure 1, et dans le sens contraire pour la roue dentée de la figure 2.

La figure 3 nous montre une combinaison de six dessins analogues à la figure 1, et ayant au centre l'anneau de la figure 2. Tournez le papier de gauche à droite ; les anneaux concentriques tourneront dans le même sens, de gauche à droite, et la roue dentée semblera tourner, mais plus lentement, de droite à gauche.

Cette curieuse illusion d'optique a été étudiée pour

la première fois par un professeur de Bristol, M. Silvanus Thompson, qui a donné aux anneaux tournants le nom de *cercles stroboscopiques*.

L'illusion ne provient nullement de la persistance

Les roues qui tournent.

des impressions lumineuses sur la rétine, mais les savants ne sont pas d'accord sur l'explication du phénomène. Peut-être un de nos aimables lecteurs pourra-t-il en trouver une satisfaisante?

XLII

La danse serpentine.

(Voir la planche en couleurs)

Vous connaissez tous le jeu qui consiste à recevoir, sur un petit miroir tenu à la main, un rayon de soleil passant par un trou des volets fermés pendant la chaleur du jour, ou encore à travers l'ouverture des volets à peine entre-bâillés. En inclinant plus ou moins la glace, vous faites voltiger, sur les murs et le plafond de la pièce restée dans l'ombre, une petite lumière blanche et sautillante, semblable à un feu follet.

Mais si vous recevez le rayon lumineux sur le miroir *alors que ce miroir est plongé dans l'eau d'un seau ou d'une cuvette*, vous verrez apparaître sur le mur (dès que vous aurez donné au miroir, par tâtonnement, l'inclinaison convenable, environ 60°) un admirable spectre solaire, de très grandes dimensions et d'une netteté parfaite, présentant toutes les couleurs de l'arc-en-ciel, qu'il est facile de se rappeler dans leur ordre, grâce au vers suivant :

Violet, indigo, bleu, vert, jaune, orangé, rouge.

Vous pourrez recevoir ce spectre sur une feuille de papier blanc fixée au mur et formant écran. Agitez maintenant l'eau de la cuvette avec votre main, et vous verrez le spectre devenir mobile ; ses diverses lignes colorées deviendront autant de vagues lumineuses du plus merveilleux effet, rappelant les ruissellements d'or fondu, de rubis et d'émeraude présentés au théâtre pour l'éclairage de la danse serpentine. Vous pourrez, mesdemoiselles, venir danser dans les rayons sortant de la glace, et vous serez éclairées comme de véritables Loïe Fuller, votre tête étant, par exemple, bleue ou verte, alors que votre robe sera jaune ou rouge.

Cette expérience sur la *décomposition de la lumière* qui ne se fait, dans les laboratoires de physique, qu'à l'aide de prismes en cristal très coûteux, pourra, comme vous le voyez, être répétée sans frais par grands et petits, pauvres et riches, et cela partout où se rencontreront un bout de miroir, un vase d'eau claire, et enfin un rayon de soleil.

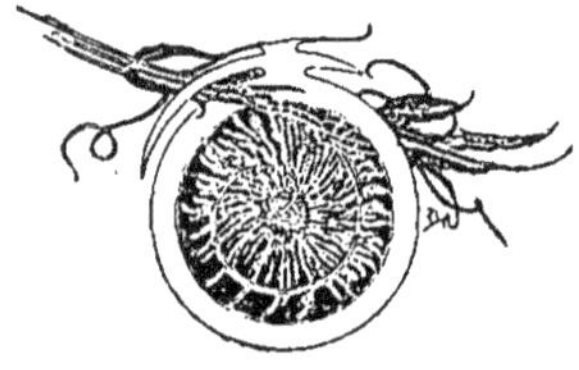

Acoustique.

___

XLIII

Le bourdon à domicile.

On sait que le son ne se propage pas dans le vide. Dans l'air raréfié, il se transmet très faiblement. Au sommet des hautes montagnes, le son de la voix est affaibli; le même fait s'observe dans une ascension en ballon à une grande hauteur.

L'air à la pression ordinaire transmet le son avec une vitesse de 340 mètres par seconde. C'est ce qui nous permet de savoir à quelle distance nous sommes d'un orage; il nous suffit de compter combien il y a de secondes entre le moment où nous voyons l'éclair et celui où nous entendons le coup de tonnerre et de multiplier 340 mètres par ce nombre de secondes. (La vitesse de la lumière est de

308 millions de mètres par seconde; on peut regarder sa propagation comme instantanée.)

Les liquides transmettent très bien les vibrations sonores; l'ouvrier qui travaille au fond de l'eau, dans

Transmission du son par une poutre.

une cloche à plongeur, entend les bruits qui se produisent sur le rivage. Tous les pêcheurs vous diront que le moindre bruit effraie les poissons.

Le son parcourt dans l'eau 1 435 mètres par seconde; il a donc une vitesse quatre fois plus grande que dans l'air.

Les corps solides transmettent le son beaucoup

mieux que l'eau et que l'air. Appliquez votre oreille à
l'extrémité d'une longue poutre, dans un chantier, et
vous entendez distinctement les chocs produits à
l'autre bout par un marteau, ou le tictac d'une

Le bourdon à domicile.

montre placée contre la poutre. En appliquant
l'oreille contre le sol, on entend, à plusieurs kilomètres de distance, le roulement d'une voiture ou le
pas d'une troupe en marche. Il en est de même pour
les coups de canon tirés à une distance telle que l'air
ne nous en apporte plus le bruit. Par contre, les corps

mous comme les draperies, l'étoupe, le liège, etc., amortissent le son; aussi les emploie-t-on pour en faire des portières ou des cloisons empêchant d'entendre dans une pièce ce qui se dit dans l'autre. Les os de la tête peuvent conduire le son à notre cerveau sans le secours des oreilles. Placez entre vos dents l'anneau de votre montre et bouchez-vous les oreilles avec les mains, vous entendrez le tictac de la montre transmis par les dents et les os de la tête.

Les métaux conduisent très bien le son; il parcourt la fonte avec une vitesse dix fois et demie plus grande que dans l'air. L'expérience a été faite avec les tuyaux établis à Paris pour amener les eaux de la source d'Arcueil. On sait combien sont sonores les maisons qui ont des planchers en fer.

Voici une amusante expérience d'acoustique sur la propagation du son au moyen d'une ficelle.

Attachez le bouton d'une paire de pincettes au milieu d'une ficelle dont vous appuyez les bouts contre vos deux oreilles. Penchez-vous légèrement en avant pour que les pincettes ne touchent pas votre corps; si l'on frappe légèrement les pincettes avec un corps dur, pelle, tisonnier, etc., les spectateurs n'entendront qu'un son fort ordinaire, mais vous entendrez le son d'une cloche énorme, comme si le bourdon de l'église était venu carillonner dans votre maison.

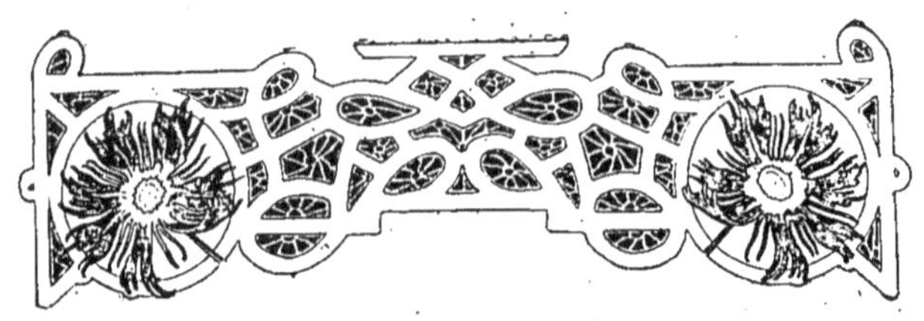

Chaleur.

XLIV

La glace.

La glace peut se prêter à d'amusantes expériences scientifiques. En voici quelques-unes : je les choisis parmi les plus simples :

La bouteille débouchée.

Par une nuit très froide, mettez au dehors une bouteille pleine d'eau, bouchée par un bouchon. Le lendemain, vous la trouverez débouchée, le bouchon se trouvant collé au bout d'une petite colonne de glace de plusieurs centimètres de longueur, qui a débordé du goulot, nous montrant ainsi que l'eau augmente de volume quand elle se congèle. Sa force d'expansion est telle que, si votre bouchon était maintenu par une ficelle, vous trouveriez la bouteille brisée par la pression de la glace. Voilà pourquoi il faut vider les tuyaux d'eau pendant les grands froids pour éviter leur rupture. C'est pour cela qu'il faut aussi briser la glace dans les bassins de nos jardins pour éviter qu'elle n'en vienne disjoindre les bords.

La bouteille débouchée par le froid. — La pipe allumée avec un glaçon.

Moulage de la glace.

Mettez de la glace pilée entre deux blocs de bois dur, creusés chacun d'une cavité concave ; comprimez fortement la glace entre ces deux blocs ; elle se brisera d'abord, mais les fragments se réuniront et donneront une lentille de glace transparente, de l'aspect d'une loupe en cristal et que l'on peut utiliser comme cette dernière pour enflammer de l'amadou en con-

centrant, au moyen de cette lentille de glace, les
rayons du soleil! Allumer
sa pipe à l'aide d'un
glaçon, voilà qui n'est pas
banal!!!

La glace coupée par un fil métallique.

Soudure de la glace.

Frottez deux glaçons en les serrant l'un contre
l'autre; la chaleur dégagée par le frottement fera
d'abord fondre les parties en contact, puis elles se

regèleront, se soudant ainsi l'une à l'autre, et vous n'aurez plus qu'un morceau au lieu de deux. Ce phénomène du regel peut être démontré de la manière suivante :

Posez un gros morceau de glace de forme allongée sur un support, par exemple un porte-parapluies en fer, et placez à cheval sur ce bloc un fil de fer supportant un pavé ou un poids de 10 kilos. Vous verrez peu à peu le fil métallique traverser le bloc, mais la fente ainsi produite se refermera à mesure, par suite du regel de l'eau de fusion que la pression avait produite.

Plus simplement, attachez à une table ou à un crochet planté dans le mur l'un des bouts du fil de fer; tenez ce fil de fer bien tendu en prenant l'autre bout dans la main gauche; dans la main droite que vous tenez ouverte placez un morceau de glace et frottez-le fortement contre le fil, comme font les charpentiers pour mettre du blanc sur leur ficelle; vous voyez le fil de fer traverser complètement le bloc de glace, mais, quand il a passé, nous n'avez toujours qu'un seul morceau de glace, comme auparavant.

XLV

Le mouchoir incombustible.

Entourez d'un mouchoir de batiste une boule de cuivre, une pomme de rampe d'escalier, par exemple ; tenez le mouchoir bien serré autour de la boule de manière à éviter les plis à la partie supérieure, et posez sur la boule ainsi recouverte une braise allumée, dont vous pourrez entretenir la combustion avec un soufflet. Le charbon brûlera, la boule s'échauffera, mais le mouchoir restera intact, au grand étonnement des spectateurs. En effet, le cuivre, étant très bon conducteur de la chaleur, absorbe entièrement celle-ci, et le mouchoir n'est pas même roussi. Pour commencer, vous pourrez, bien entendu, faire l'expérience avec un chiffon de toile fine ou un morceau de mousseline unie.

De même, il vous sera facile de faire fondre,

au-dessus de la flamme d'une bougie, une balle de plomb enveloppée d'une feuille de papier à cigarettes.

Le mouchoir incombustible. — Manière de fondre du plomb et de l'étain dans du papier.

On serre bien le papier contre la balle, et on le pique à la plume d'un porte-plume, qui sert à le tenir; au bout d'un moment on voit le plomb fondu qui traverse le papier sans que celui-ci ait été brûlé.

Vous pourrez également faire fondre du papier d'étain (papier à chocolat) dans une petite boîte de papier, au-dessus de la flamme d'une bougie ; avoir soin que l'étain touche bien le papier et que la flamme vienne exactement au-dessous de l'endroit recouvert par l'étain. Cette expérience nous montre que l'étain a une grande capacité calorifique, c'est-à-dire absorbe beaucoup de chaleur pour passer de l'état solide à l'état liquide.

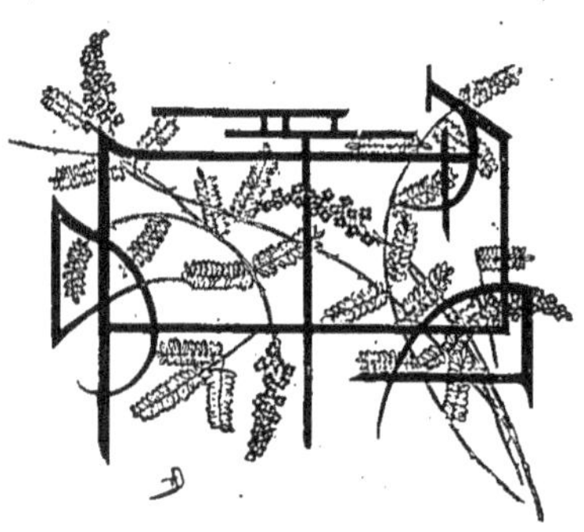

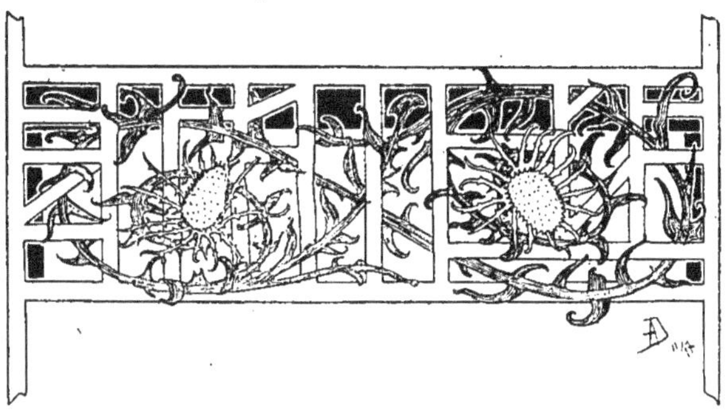

XLVI

L'air chaud.

Il est facile de démontrer que l'air chaud est plus léger que l'air froid. Ce phénomène est dû à la dilatation de l'air, qui, occupant un volume plus grand pour un même poids lorsqu'il est chauffé, est par là même moins lourd quand il est chaud que lorsqu'il est froid.

Nous savons que c'est l'ascension de l'air chaud dans nos cheminées qui provoque le tirage; dans une salle de spectacle, ce sont les personnes qui se trouvent aux places les plus élevées qui sentent le plus de chaleur; enfin, rappelons-nous que c'est en gonflant d'air chaud un globe en papier que les frères Montgolfier firent la découverte des aérostats.

Sans avoir besoin de construire une montgolfière, ce que nous apprendrons peut-être un jour, construisons un jouet qui va nous prouver l'ascension de l'air sous l'influence de la chaleur.

Traçons, sur une carte de visite ou une feuille de
carton mince, une spirale comme celle indiquée

L'air chaud.

figure 1 de notre dessin ; terminons l'extrémité extérieure par une tête de serpent, et l'autre bout par
une queue amincie, mais en ayant soin de laisser au

centre de notre tracé, correspondant au bout de la
queue, une petite rondelle de carton. Cette rondelle
va nous servir de support lorsque nous allons faire
reposer notre serpent par le bout de sa queue sur le
bout d'une aiguille à tricoter placée verticalement,
et dont l'autre bout est piqué dans un bouchon.
Étirez un peu le serpent pour dérouler ses volutes,
et il restera ainsi en équilibre et sans faire aucun
mouvement.

Mais si vous l'approchez d'une source de chaleur,
vous le voyez aussitôt tourner sur lui-même sans
s'arrêter, avec une rapidité d'autant plus grande que
la source de chaleur est plus forte.

Enfin, vous pouvez, au lieu de poser le serpent
sur le bout d'une aiguille à tricoter, ou d'un fil de
fer, traverser la rondelle terminant sa queue par un fil,
à l'aide d'une aiguille, arrêter le bout du fil par un
nœud, puis suspendre le serpent par ce fil au plafond ;
si maintenant vous approchez la lampe et que vous
la placiez au-dessous du serpent, celui-ci se met à
tourner avec une vitesse folle, indiquant que la
lampe, tout en étant une source de lumière, est aussi
une source de chaleur dont souvent nous nous pas-
serions bien, surtout en été.

Si vous trouvez trop long de découper le serpent
dans une carte, voici un petit papillon qui va nous
servir, lui aussi, d'instrument de physique expéri-
mentale. Il se fait avec une feuille de papier de soie
ou de papier à cigarettes, ou encore du papier à
fleurs, si vous désirez un papillon coloré. Vous

La Danse Serpentine (Page 128)

pouvez découper la forme d'un papillon avec ses quatre ailes, ou tout simplement chiffonner un peu le papier au milieu de la feuille, et suspendre le papillon par un fil ou mieux par un long cheveu.

Attachez le bout du cheveu à la pendule placée sur la cheminée, et, s'il y a du feu dans la cheminée, votre papillon se mettra à voleter comme un papillon vivant. Vous pouvez aussi le suspendre au plafond, au-dessus de la lampe allumée, et, en faisant ses évolutions, il projettera sur le plafond l'ombre tout à fait fantastique d'un énorme papillon noir, qui, attiré par la lumière de la lampe, ferait de vains efforts pour s'échapper de la pièce où il serait imprudemment entré.

XLVII

La bouteille coupée en hélice.

Entaillez superficiellement une bouteille par un trait fait avec une lime triangulaire, puis posez sur ce trait de lime la pointe d'un morceau de charbon de bois incandescent, en soufflant avec votre bouche pour l'empêcher de s'éteindre. Le verre se fend à l'endroit du trait de lime, et vous posez votre charbon à une petite distance de la fente, qui se continue en suivant le morceau de charbon partout où vous le posez. Vous coupez ainsi très nettement une bouteille cassée par une coupure circulaire faisant le tour et revenant au point de départ. Vous pouvez aussi essayer de fabriquer la bouteille en hélice, que certains petits marchands exhibent sur la place publique. Le trait à la lime étant donné un peu obliquement, au bas du col de la bouteille, tracez avec votre charbon allumé une ligne en hélice, tout autour de la bouteille, et vous arriverez, avec un peu d'habitude, à découper votre bouteille

en une spirale très curieuse, l'élasticité du verre
permettant à cette bouteille de s'allonger lorsque
vous la saisissez par sa partie
supérieure, et de reprendre

La bouteille coupée en hélice.

sa forme primitive lorsque vous
la replacez sur la table.

Bien entendu, il faut étirer la
bouteille avec précaution, en se
rappelant qu'on opère avec du
verre et non avec du caoutchouc.

Comme il est difficile de maintenir incandescent
un morceau de charbon de bois, il est préférable de
se servir d'un charbon de Berzélius, qu'on trouve
dans le commerce, et dont voici la composition :

Noir de fumée.......... 50 grammes.
Gomme arabique........ 50   —
Gomme adragante....... 20   —
Benjoin............... . 20   —

Le tout est délayé dans l'eau de façon à former une pâte que vous moulez en forme d'un gros crayon. Ce crayon, une fois rougi dans la flamme, ne s'éteint plus, à moins que l'on n'en casse le bout une fois la bouteille découpée.

On peut aussi découper une bouteille en hélice à l'aide d'une pointe de tisonnier rougie au feu. Mais le refroidissement en est très rapide.

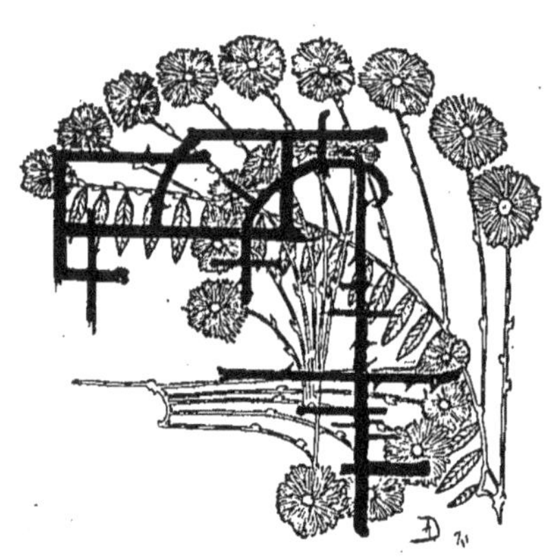

Électricité.

XLVIII

L'électricité amusante.

C'est par un temps très sec que les expériences d'électricité réussissent; choisissez donc un temps bien froid, ce qu'on appelle « une belle gelée », dans lequel l'air est parfaitement sec, pour exécuter les diverses expériences suivantes :

Allumer le gaz avec son doigt. — Ouvrez un peu un bec de gaz et approchez-en votre doigt; si vous avez eu soin, auparavant, de vous frotter bien les pieds sur le tapis de la chambre ou sur un paillasson, et que vous opériez dans l'obscurité, vous verrez une étincelle électrique jaillir entre votre doigt et le bec de gaz; cette étincelle, due à l'électrisation de votre corps par le frottement des pieds, pourra être assez forte pour allumer le gaz, au grand étonnement de l'assistance.

Un baiser piquant. — Pour les enfants, qui ne doivent pas jouer avec le feu, et bien que le jeu précédent ne présente aucun danger, en voici un plus

Le gaz allumé avec
le doigt.

Le baiser piquant.

simple et tout aussi amusant : frottez-vous bien fort les pieds sur un moelleux tapis, puis demandez à papa ou maman de venir vous embrasser; au moment où vos deux figures seront assez près l'une de l'autre, une étincelle très petite jaillira entre elles, donnant à la personne qui s'approche la sensation d'une petite piqûre d'aiguille. Dans l'obscurité, l'étincelle sera visible.

Le chat lumineux. — Quand Minet s'est bien chauffé devant le feu, prenez-le sur vos genoux dans l'obscurité et caressez-le en passant la main sur son dos, après avoir bien séché cette

Le chat électrique. — Le mangeur de phosphore.

main devant le feu. Vous verrez de belles étincelles violettes, accompagnées d'un léger crépitement, aller de la peau du chat à votre main, sans que l'animal en soit incommodé.

Beaucoup de fillettes ont constaté ces crépitements, dus à l'électricité, lorsqu'elles brossent leurs cheveux par un temps sec.

Le mangeur de phosphore. — Enfin, pour temirner cette série, je rappellerai la curieuse propriété du sucre de devenir phosphorescent dans l'obscurité lorsqu'on choque deux morceaux l'un contre l'autre. Vous pouvez croquer, dans l'obscurité, un morceau de sucre bien séché devant le feu, et l'on verra tout l'intérieur de votre bouche s'illuminer d'une belle lueur violette, comme si vous mangiez du phosphore, ce qui serait plus dangereux et moins agréable que de croquer du sucre.

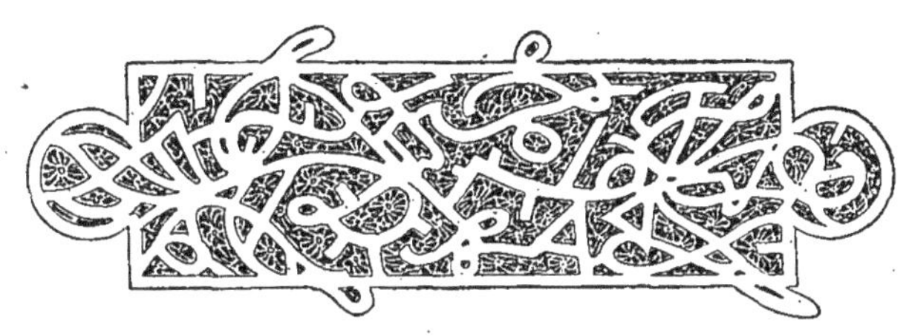

<h1 style="text-align:center">XLIX</h1>

<h2 style="text-align:center">Le papier électrisé.</h2>

Séchez devant le feu une feuille de papier à lettre mince, posez-la sur la table et frottez-la énergiquement avec un chiffon de laine. En soulevant la feuille par un des coins, vous sentez qu'elle oppose de la résistance, comme si elle était collée à la table ; une fois enlevée, elle se colle à votre figure, à la muraille, au plafond, et y reste adhérente assez longtemps, surtout si le temps est froid et sec. Ce phénomène est dû à la présence de l'électricité que vous avez développée dans le papier par le frottement.

De petits personnages en papier découpé, électrisés de la sorte, peuvent être ainsi collés dans le dos d'un ami et prêter à d'amusantes plaisanteries.

Opérez de même avec une feuille de papier fort, par exemple du papier goudron bien séché devant le feu, mais cette fois vous la frottez vigoureusement avec une brosse à habit un peu dure.

Lorsque la feuille a été bien électrisée par le frottement, posez sur cette feuille un objet en métal, un trousseau de clefs par exemple.

Soulevez alors le papier de dessus la table et priez

Le papier électrisé.

une personne d'approcher son doigt du trousseau de clefs.

La personne ressentira une petite décharge, très inoffensive, et l'on entendra le crépitement d'une étincelle électrique.

Dans l'obscurité, cette étincelle sera parfaitement visible pour tous les spectateurs.

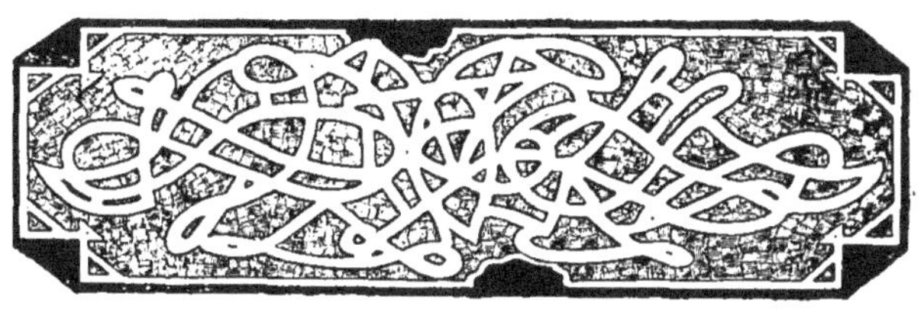

Illusions du toucher.

L

Une bille ou deux billes?

Prenez une boulette de mie de pain bien ronde ou une bille; posez-la sur la table, et faites-la aller et venir entre les extrémités, croisées l'une sur l'autre, de l'index et du médius (ou doigt du milieu) de la main droite; il vous semblera, surtout si vous ne regardez pas votre main, que vous faites rouler sous votre doigt deux billes et non pas une; ce phénomène est d'autant plus sensible que vous ferez l'expérience pour la première fois. Voilà, n'est-ce pas, une très curieuse illusion du toucher, à laquelle tout le monde se laisse prendre. L'opérateur éprouve la même sensation que s'il touchait une bille située à droite de son doigt du milieu et une seconde bille située à gauche de son index. Cela tient à l'habitude que nous avons de toucher les objets en laissant les doigts dans leur position normale. Au bout de quelques essais de ce

genre, cette illusion finirait par ne plus exister pour
noùs.

Les corps cylindriques peuvent aussi se prêter à

Une bille ou deux billes?

notre récréation d'aujourd'hui : un crayon ou un
porte-plume, roulés ainsi entre les deux doigts croi-
sés, nous fourniraient la même illusion. Si quelqu'un
d'entre vous, connaissant l'expérience de la bille
double, me disait qu'elle est vieille comme Hérode, je
pourrais lui répondre qu'elle est bien plus vieille, puisqu'elle fut faite pour la première fois par Aristote,
qui vivait trois siècles avant Hérode.

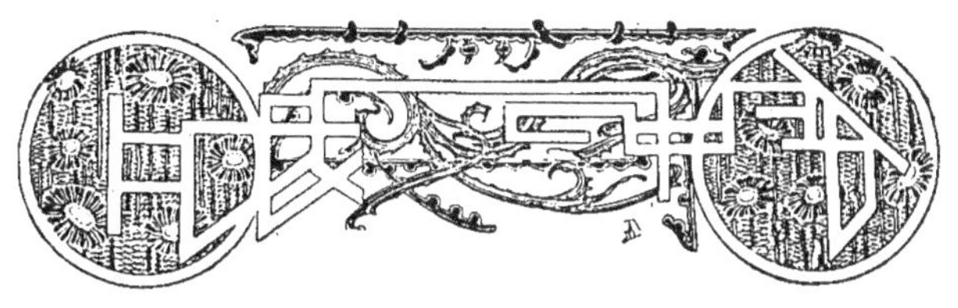

Mouvements inconscients.

LI

L'anneau qui marche.

Prenez une canne bien cylindrique, c'est-à-dire qui ait la même grosseur partout; enfilez cette canne dans un anneau de bois dont l'ouverture soit plus grande que la largeur de la canne, un anneau de rideaux, par exemple, et tenez la canne en appuyant vos index à ses deux extrémités, la canne restant horizontale au-dessus de la table. Cette table ne devra pas être recouverte d'un tapis; sa surface devra être bien unie.

Il faut tenir la canne au-dessus de la table, de façon que l'anneau, tout en restant vertical, touche légèrement cette table. L'opérateur, qui tient les coudes serrés au corps et dont les mains ne touchent pas la table, ne doit faire aucun mouvement, et cependant, au bout de quelques instants, les spectateurs voient avec surprise l'anneau qui se met à glisser doucement le long de la canne en allant d'une main à l'autre de l'opérateur. On soupçonne cet opérateur d'avoir triché

L'anneau qui marche..

et d'avoir incliné la canne de manière à faire descendre l'anneau d'une main vers l'autre; mais il cède la place au plus incrédule des assis-tants, et, entre les mains de ce dernier, le même phénomène se reproduit!

Vous pouvez mettre au défi n'importe quelle per-sonne de tenir la canne entre ses deux index comme je viens de l'indiquer plus haut, et d'empêcher l'anneau de se promener d'une de ses mains vers l'autre.

Il n'y a là aucune sorcellerie, mais la démonstration curieuse de *mouvements inconscients* que nous exécutons sans nous en douter, et qui, invisibles aux yeux des spectateurs, se traduisent cependant par le mouvement de corps légers, tels qu'un anneau de bois ou de métal.

Vous pouvez faire l'expérience en petit avec une bague unie, une alliance, par exemple, qui sera enfilée sur une règle d'écolier, un porte-plume ou un crayon; cela réussira tout aussi bien.

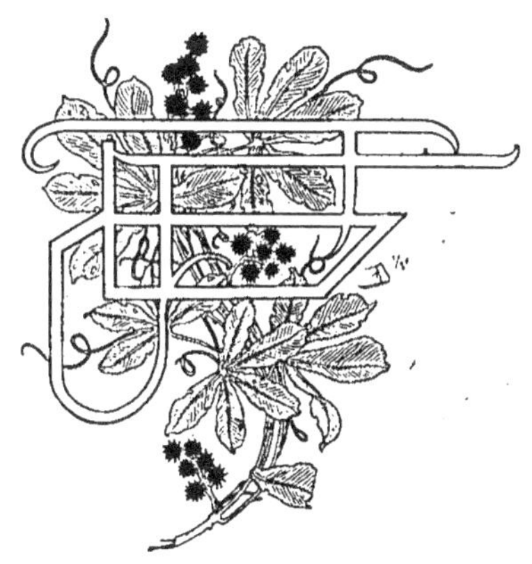

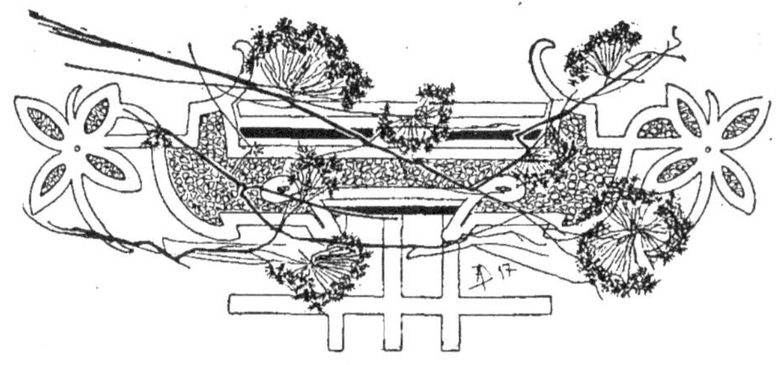

Mnémotechnie.

LII

Recettes pour les examens.

Les examens deviennent de plus en plus difficiles, les programmes de plus en plus chargés, et l'on se demande comment font les malheureux élèves, arrivés au moment fatal, pour se loger dans la cervelle tous ces chiffres, toutes ces dates, toutes ces formules?

Plusieurs, doués d'une bonne mémoire, se contentent de les apprendre, tout bonnement, comme on apprend une fable; d'autres utilisent les mille et une ficelles que leur offre la *mnémotechnie*, une science un peu bizarre, je l'avoue, mais qui, au moment suprême où le patient est devant le tableau noir, vient lui insuffler la réponse décisive, ou tout au moins lui fournir le fil d'Ariane qui va le remettre sur la voie.

Rien de plus difficile, n'est-ce pas, que de se rappeler une série de chiffres dans un ordre voulu?

Comment a donc fait ce candidat pour inscrire sur le tableau le nombre π (pi) avec ses 30 premières décimales?

Mnémotechnie amusante.

Il s'est tout bonnement récité le quatrain concernant Archimède, qui avait calculé ce nombre fameux :

<pre>
   3 1 4 1 5   9   2   6   5   3   5
Que j'aime à faire apprendre un nombre utile aux sages
     8   9   7   9
Immortel Archimède, artiste ingénieur,
   3 2 3   8   4   6   2   6
Qui de ton jugement peut priser la valeur?
   4   3   3   8   3 2 7   9
Pour moi, ton problème eut de pareils avantages
</pre>

Chaque chiffre placé au-dessus d'un mot représente le nombre de lettres de ce mot, et vous avez ainsi la manière de vous rappeler le nombre π avec 30 décimales; le voici :

3, 141 592 653 589 793 238 462 643 383 279. Ouf!!!

Allez donc apprendre un tel nombre par cœur!

* * *

On a souvent à diviser un nombre par ce fameux nombre π. Il est plus commode de le multiplier par la fraction $\frac{1}{\pi}$, car il est facile de se rappeler cette fraction au moyen de la phrase suivante :

Les 3 journées de 1830 ont renversé 89.

Ecrivez, à la suite l'un de l'autre, le chiffre 3, le nombre 1830 et le nombre 89 renversé, c'est-à-dire 98, et vous obtiendrez le nombre

$$0,3183098$$

qui est exactement la valeur de $\frac{1}{\pi}$.

Récréations dans les champs et dans les bois.

LIII

L'heure pour tous.

Nous sommes en pleins champs, et désirerions savoir quelle heure il est. C'est très facile si nous avons une montre, mais comment faire si nous n'en avons pas?

Notre main gauche et un brin de paille vont nous permettre d'improviser instantanément un cadran solaire, de la manière suivante :

Étendez la main gauche ouverte à plat horizontalement, la paume de la main tournée vers le ciel, et les doigts réunis et bien allongés. Prenez ensuite un brin de paille (ou de bois) et placez-le verticalement dans l'angle de la main formé par la jointure du pouce et de l'index. La longueur du brin de paille au-dessus de la main devra être égale à la longueur de l'index mesurée à partir du fond de cette jointure.

Placez-vous ensuite le dos tourné au soleil en orien-

tant votre main gauche de façon que l'ombre du
muscle qui est au-dessous du pouce se termine à la
ligne de la main appelée *ligne de vie*. Vous verrez

L'heure pour tous.

alors l'extrémité du brin de paille projeter son ombre
sur vos doigts, et voici comment vous arriverez à
connaître l'heure :

Si l'extrémité de l'ombre tombe au bout de l'index,
il est 5 heures du matin ou 7 heures du soir; au bout
du doigt du milieu, 6 heures du matin ou du soir; au

boutde l'annulaire, 7 heures du matin ou 5 heures du soir ; au bout du petit doigt, 8 heures du matin ou 4 heures du soir ; à l'articulation suivante de ce petit doigt, 10 heures du matin ou 2 heures de l'après-midi ; à la racine du même doigt, 11 heures du matin ou 1 heure de l'après-midi ; enfin l'ombre tombant sur la ligne de la main dite *ligne de table* marquera midi.

Je ne vous donne pas ce vieux procédé, connu par nos pères, comme étant d'une précision absolue, mais si vous l'expérimentez quelquefois en contrôlant ses indications avec une pendule ou une montre, il vous indiquera l'heure à cinq ou dix minutes près, ce qui peut souvent être utile.

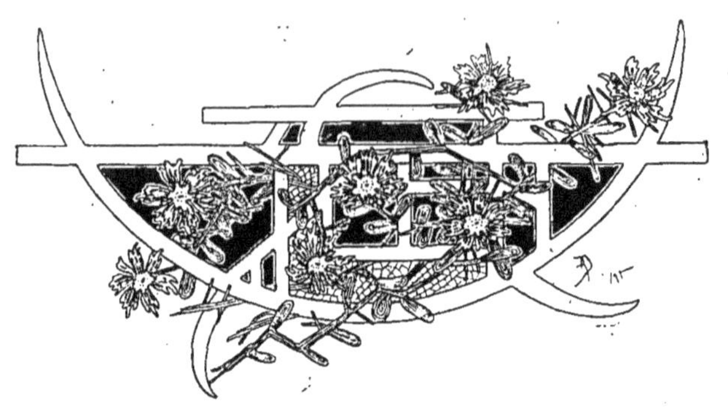

LIV

Tir à la sarbacane.

Voici un jeu de tir à la sarbacane très précis que
vous pourrez installer en quelques instants : la *sarbacane* sera un bout de roseau creux bien droit, coupé
entre deux nœuds, dont le diamètre extérieur sera
d'environ 1 centimètre, et ayant au moins 15 centimètres de longueur.

Les projectiles seront des *fléchettes* fabriquées avec
des épis de seigle dont les grains auront été enlevés,
et la tige coupée à 5 centimètres de l'épi. Dans l'orifice du bout de tige restant, enfoncez une épingle dont
vous aurez coupé la tête avec des tenailles (ou bien
une grosse aiguille à coudre), la pointe de l'épingle
ou de l'aiguille faisant saillie à l'extérieur de 2 centimètres environ. Les épingles en acier, dites épingles
parisiennes, se cassent sans le secours d'aucun outil.
Enlevez ensuite la moitié supérieure de l'épi, en le cou-

pant avec des ciseaux, la fléchette aura ainsi 10 à
12 centimètres de longueur totale; ce qui reste de
l'épi servira d'ailes à la fléchette, comme les plumes
dans les flèches de l'arc ordinaire.

Pour tirer, placez la fléchette dans le tube de roseau,

Tir à la sarbacane.

la pointe la première, et soufflez du côté de l'épi en
visant une cible tracée sur une planchette de bois
blanc; le projectile ira s'y fixer fortement avec une
précision étonnante, grâce aux ailes de l'épi.

Avec plusieurs fléchettes de ce genre, vous organiserez un tir des plus amusants, soit dans un apparte-
ment, soit à la campagne; une table, interposée entre
le tireur et la cible, empêchera les étourdis de traverser
le champ de tir, ce qui évitera tout accident.

Pour retirer la fléchette de la planche, avoir soin de
la prendre par l'épingle, pour éviter d'arracher cette
épingle de la tige. Je n'ai pas besoin de vous dire où
vous trouverez de la paille de seigle à la campagne;
dans les villes, vous vous en procurerez chez les
marchands de paille ou les rempailleurs de chaises.
Les roseaux se trouvent chez les marchands d'articles
de pêche; on utilisera fort bien les petits bouts de
cannes à pêche hors d'usage. Ce qui surprend dans ce
jeu, c'est que la fléchette n'a pas besoin d'avoir le
calibre exact du roseau; si elle est plus étroite, votre
souffle, en appliquant les barbes de l'épi contre le
tube intérieur, fournira une obturation suffisante pour
que l'air se comprime et chasse fortement le projectile.

LV

Une scène de carnage.

Devant cette scène de carnage, en face de cette mère qui retrouve au milieu des crânes grimaçants la tête de son fils et accable l'assassin de ses imprécations, le lecteur doit se demander s'il n'y a pas erreur, et si c'est bien la « Récréation en famille » qu'il a sous les yeux.

Ne criez pas trop tôt : *Alas, poor Yorick!* et examinez, en la retournant, la figure de gauche de notre dessin. Les graines de la plante qui y est figurée n'ont-elles pas, vues dans cette position, une ressemblance avec les têtes d'à côté, surtout si l'on casse leur pointe effilée?

Oui, nous avons bien là la forme d'un crâne humain, avec les yeux, le nez et la bouche indiqués d'une façon saisissante, et ce sont ces graines qui nous ont servi pour composer notre tableau macabre.

Une scène de carnage.

De plus, nous les utiliserons aussi pour nous fournir les têtes de nos petits personnages, tels que la mère éplorée, le Chinois perfide ou tout autre sujet à notre goût.

Il vous tarde de savoir, n'est-ce pas, où croît une plante qui donne des graines aussi extraordinaires? Ne cherchez pas longtemps : cette plante est des plus communes, c'est tout simplement le *muflier*, plus connu des enfants sous le nom de *gueule-de-loup* ou *gueule-de-lion* parce que sa fleur, pressée avec les doigts, s'ouvre et se ferme comme la gueule d'un animal féroce.

C'est donc la graine du muflier, cultivé ou sauvage,
que vous devez récolter à la fin de l'automne, en
ayant soin de choisir des graines de grosseurs différentes, vous permettant de fabriquer des personnages
grands et petits.

Le corps, comme celui des modèles dessinés
ci-dessus, est un cône de carton mince, collé ou
cousu. On le recouvre d'étoffe ou de papier de couleur mince (papier à fleurs), en ajoutant de larges
manches au bout desquelles sont collées les mains en
carton. Remarquez que, pour les têtes de Chinois, il
faut prendre la graine avec sa tige et sa corolle, qui
figureront la natte et la coiffure des habitants du
Céleste Empire. Une fois les personnages terminés,
vous pouvez en placer deux sur vos doigts, et donner
à vos jeunes spectateurs une amusante séancé de
guignol.

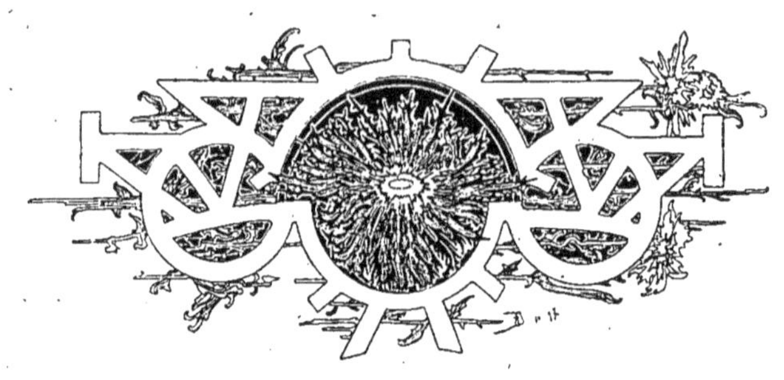# LVI

Les armes de la Russie.

C'est en nous promenant dans les bois que nous allons trouver les armes de la Russie; elles nous seront fournies par l'une des plantes les plus répandues sur toute la surface du globe, par la fougère que vous connaissez tous. Les jeunes feuilles de la fougère sont roulées en crosse et imitent la queue velue des singes à queue prenante; une fois déroulées, on voit que ces feuilles ne ressemblent pas à celles des autres plantes : vues par-dessus, ce sont des feuilles; vues par-dessous, ce sont des fleurs, se transformant en graines. Dans les pays chauds, les fougères atteignent des dimensions énormes; ce sont les fougères arborescentes, dont le tronc ressemble à celui du palmier. Les feuilles de la fougère, appelées *frondes*, sont mangées avec plaisir par les bœufs et les chevaux, quand elles sont à l'état de jeunes pousses; les porcs aiment beaucoup ses racines, appelées *rhi-*

zomes. Les frondes servent à faire d'excellents matelas et traversins pour le coucher des enfants; elles ser-

Les armes de la Russie.

vent aussi pour l'emballage des fruits, notamment du raisin, auquel elles ne communiquent ni goût ni odeur; on s'en sert dans la composition du sirop de capillaire, l'amertume de leur suc les fait employer

quelquefois au lieu de houblon dans la fabrication
de la bière; la farine rousse qui saupoudre le dessous
des frondes et qui représente les fleurs ou plutôt les
graines (les botanistes les nomment des thèques)
constitue un excellent vermifuge, surtout contre le
ver solitaire ou tœnia; enfin, les nègres trouvent dans
la tige un *sagou* qu'ils mangent rôti sur la braise, et
les cendres de la fougère brûlée donnent une potasse
très estimée pour la fabrication du verre.

Voilà bien des propriétés précieuses pour une
seule plante, n'est-ce pas?

Eh bien! il en reste encore une, bien curieuse, et
que vous pourrez vérifier facilement.

Coupez vers sa base un pied de fougère, en faisant
l'entaille en biseau; vous voyez apparaître aussitôt,
en brun foncé sur fond blanc, l'aigle à deux têtes
caractéristique figurant les armes de la Russie.
Choisissez un pied de fougère un peu gros et dont la
base soit bien foncée, et vous voyez apparaître le
dessin. De là le nom de fougère porte-aigle que l'on
donne à l'espèce la plus commune.

LVII

La question des cerises.

Voici comment on résout la *question des cerises*, et d'abord comment on peut construire soi-même l'appareil.

Matériel nécessaire : 1° un petit morceau de papier; 2° une cerise double.

A l'aide du canif ou des ciseaux, faites dans le papier deux entailles parallèles, de 7 centimètres environ de longueur et espacées d'un demi-centimètre. (Ces chiffres n'ont rien d'absolu.)

Au-dessous de la bande ainsi obtenue, et à une distance d'environ un centimètre, faites une entaille d'un centimètre et demi de longueur, perpendiculaire aux deux autres. Ces trois entailles constituent toute la préparation (fig. 1).

La figure 2 vous montre les cerises maintenues prisonnières par la feuille de papier; les deux queues traversent l'entaille du bas, trop étroite pour livrer passage à une cerise, et la bande verticale passe entre ces deux queues, ce qui vous empêche, à moins de

La question des cerises.

déchirer cette bande, de retirer les deux cerises pour les manger. Proposez ce problème à des enfants; les cerises seront pour celui qui l'aura trouvé.

Voici la solution : les cerises ne peuvent passer par la petite fente transversale, mais la bande étroite de papier peut passer par cette fente; courbez donc le papier, pliez la bande en son milieu, faites-la passer par la fente du bas, d'arrière en avant, en tirant le plus possible sans la déchirer, et dès lors rien n'est plus facile que de délivrer les cerises, en en faisant passer une à travers la boucle formée par la bande (fig. 3). Une fois les cerises délivrées, remettez le papier à plat, afin de ne pas indiquer le subterfuge employé.

Pour replacer les cerises, suivez l'ordre inverse : courbez le papier de façon à plier la bande, faites passer par la fente le milieu de la bande et tirez en avant; placez les queues des cerises à cheval à l'intérieur de cette bande, retirez-la en arrière avec précaution, de façon à entraîner avec elle les extrémités soudées des deux queues, et remettez la feuille de papier à plat. Voilà la question prête à être proposée à un nouvel amateur de ces petits problèmes.

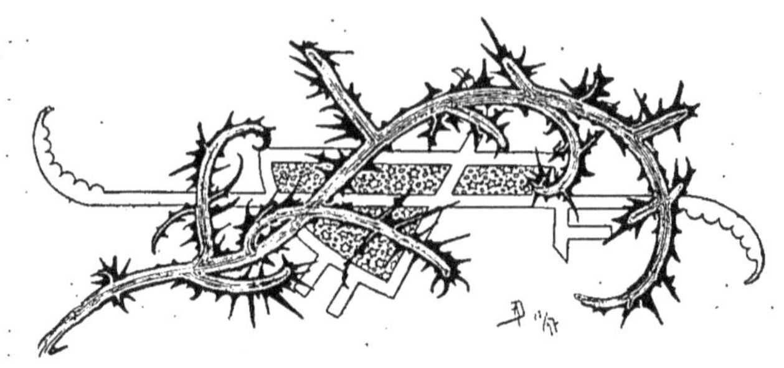

LVIII

Enlever une carafe d'eau avec une paille.

En vous promenant le long d'un champ de blé
mûr, ne vous êtes-vous pas étonnés de la force de
résistance que présente, dans le sens de sa longueur,
cette mince tige creuse qu'on appelle la paille? Ce
tuyau, si fragile qu'on le brise rien qu'en le prenant
dans les doigts, est pourtant capable de supporter,
sans se rompre, le poids du lourd épi, gonflé de
grains, qui se balance à sa partie supérieure.

Je vais vous indiquer aujourd'hui une expérience
bien simple, destinée à prouver que la paille peut
non seulement supporter le poids d'un épi, mais
encore le poids de corps infiniment plus lourds, celui
d'une carafe contenant de l'eau, par exemple.

Prenez une belle paille, non froissée, de blé ou
de seigle, et pliez à angle aigu la partie la plus
grosse, à 15 ou 20 centimètres de son extrémité.

Cette distance dépend de la largeur de votre carafe :
aussi, après avoir replié le bout de la paille, aurez-
vous soin de couper plus ou moins l'extrémité de
façon que le bout replié étant entré dans la carafe, il
y prenne la position indiquée par notre dessin. Dans
cette position, le bout le plus mince et le plus long,

Carafe enlevée avec une paille.

celui de l'épi, sort par le goulot de la carafe, et le
bout le plus large, qui a été replié, se place obliquement en travers de la carafe, sa longueur étant plus
grande que la largeur de celle-ci, et l'extrémité de la
paille venant se placer sous la partie élargie de la carafe.

Cela fait, vous n'avez plus qu'à saisir le brin
le plus long de la paille qui sort de la carafe et
à enlever ce brin en l'air; la carafe sera enlevée en
même temps, sans que la paille se brise, et le public
aura peine à comprendre comment une tige aussi
fragile a pu soulever un poids aussi lourd.

Manière de mettre deux Coqs d'accord

Hypnotisme.

LIX

Manière de mettre deux coqs d'accord.

Il y a plus de deux siècles, le P. Kircher découvrit et publia la curieuse manière de faire tenir un coq immobile au moyen d'une raie blanche faite devant son bec sur une table noire. Voici comment on opère : si la table n'est pas noire, on peut poser horizontalement sur elle un tableau noir ou la recouvrir d'une feuille de papier noir servant à envelopper les paquets, et retenu à ses quatre coins par des épingles, piquées dans le tapis de la table.

Il faut deux personnes, l'opérateur et un aide, pour présenter au public cette expérience, qui réussit toujours. L'opérateur tient le coq debout sur la table noire, et lui applique le bec contre la table ; le public constate alors que le coq, choisi parmi les plus vigoureux, fait tous ses efforts pour se dégager. A ce moment, l'aide, qui peut être un enfant, appuie un morceau de craie sur la table, tout contre le bec du coq, et trace vivement une ligne blanche, de 50 centimètres environ de longueur, sur le fond noir. Instantanément et comme par magie, le coq cesse de s'agiter, et, bien que l'opérateur ne le tienne plus, il reste complètement immobile, le bec appliqué contre la table, les deux yeux regardant fixement la raie blanche qui se trouve dans le prolongement de son bec. Il y a là ce que l'on appelle un phénomène *d'hypnotisme*, qui ne fait aucunement souffrir l'animal et ne dure du reste que quelques instants.

Au bout d'un moment, le coq se ranime, et l'opérateur doit le reprendre entre ses mains s'il veut éviter qu'il ne s'échappe.

L'expérience réussit aussi bien à la lumière qu'en plein jour; je l'ai exécutée plusieurs fois dans des conférences données le soir à la Salle des Capucines, à Paris, en 1888.

Dans une de ces séances, j'eus l'idée de placer sur la table noire deux coqs mis en face l'un de l'autre et maintenus par deux aides à 50 centimètres de distance environ, puis de tracer la ligne blanche en allant d'un bec à l'autre. L'expérience réussit fort bien, et les deux animaux qui, un instant auparavant, avaient pris la position de combat, prêts à bondir l'un sur l'autre dès qu'on les aurait lâchés, devinrent parfaitement calmes, chacun regardant son vis-à-vis placé à l'autre bout de la ligne pacificatrice. Voulant pousser plus loin l'expérience, je fis rapprocher progressivement les deux coqs l'un de l'autre, et, bien que la ligne blanche n'eût plus à un certain moment que 2 ou 3 centimètres, les deux animaux restèrent tout à fait tranquilles. Enfin, pour aller jusqu'au bout, j'essayai de les faire mettre bec contre bec, la ligne blanche étant complètement supprimée ; les deux coqs restèrent encore calmes, chacun étant hypnotisé par le bec de l'autre.

J'ai depuis répété bien des fois, et toujours avec succès, cette nouvelle forme de l'expérience, et chacun de mes jeunes lecteurs pourra l'exécuter facilement à la campagne ou dans une soirée de famille. On apporte chaque coq dans un panier couvert, les pattes attachées par un large ruban de fil évitant les écorchures, et les paniers sont cachés sous la table recouverte d'un tapis, jusqu'au moment de faire l'expérience. Toutes les espèces de coqs conviennent parfaitement, sauf celles dont les yeux seraient masqués par une huppe de plumes (Houdan, Crève-Cœur, etc.). Encore, dans ce cas, pourrait-on les employer en coupant le bout de ces plumes avec des ciseaux, afin de bien dégager les yeux.

Comme contraste amusant, on peut opposer à un énorme coq cochinchinois un tout petit coq anglais ; l'effet produit est des plus comiques.

Arithmétique amusante.

LX

Les chiffres arabes.
Un nombre curieux.

Dessinez un rectangle un peu plus haut que large, puis tracez ses deux diagonales. Ce dessin existait, paraît-il, sur le sceau du roi Salomon. De nos jours, c'est la figure d'une enveloppe vue de dos et placée debout. En regardant la figure ainsi obtenue, vous aurez peine à croire que l'on peut y trouver, à l'état rudimentaire, les 10 signes formant les chiffres arabes de notre numération.

On prétend même que ce dessin a une origine très authentique, et que ce sont réellement les Arabes ou peut-être les Égyptiens qui ont inventé ce genre de numération tiré d'une image unique et d'un tracé extrêmement simple. Si ce n'est vrai, c'est au moins vraisemblable.

Notre dessin vous montre comment vous formerez les dix chiffres arabes en repassant avec le crayon ou

la plume sur certaines lignes de la figure primitive,
de façon à grossir un ou plusieurs de ces traits. Le
chiffre 4 et surtout le chiffre 5 ne rappellent que de

Les chiffres arabes.

très loin le 4 et le 5 de nos chiffres arabes; on les y
retrouve cependant, avec un peu de complaisance;
pour tous les autres au contraire, si vous arrondissez
les angles, vous voyez que les figures sont très exactes.

LXI

La vitesse des trains.

Je voyageais l'autre jour, ou plutòt l'autre nuit, avec un voyageur de commerce qui tirait de temps en temps sa montre et se livrait à un calcul de tête pour nous dire enfin : « Nous marchons à une bonne vitesse; nous faisons en ce moment 99 kilomètres à l'heure. »

Chacun de nous se demanda alors comment ce monsieur pouvait nous renseigner avec une semblable précision, et l'un de nos compagnons de route me glissa dans l'oreille ces mots : « Monsieur, nous avons affaire à un toqué; je l'ai, surpris, avant le départ, mesurant la longueur d'un rail de la voie avec un mètre! »

. Mais nous apprîmes tous deux bien vite le pourquoi de cette petite manœuvre préliminaire, car le voyageur de commerce, se voyant écouté, voulut bien ajouter :

« Je donne mon truc pour rien, et voici comment
l'on doit opérer pour devenir aussi savant que moi;
connaissant la longueur du rail, par exemple celui

La vitesse des trains.

des grandes lignes du Midi (11 mètres), rien de plus
simple que de savoir la vitesse du train à la seconde
et par suite à l'heure.

« Prenez votre montre (je suppose, bien entendu,
que c'est une montre marquant les secondes), et
comptez, pendant 40 secondes, la quantité de trépidations que vous ressentez, trépidations ou secousses
occasionnées par chaque changement de rail. Il est
en effet impossible d'avoir des rails absolument

continus, et de les placer exactement de niveau les uns avec les autres. Eh bien! le nombre de trépidations que vous aurez comptées représentera exactement la vitesse du train à l'heure, et cela avec une erreur de moins de 1/100. »

Je tirai ma montre à secondes, et je ressentis, pendant la durée de 40 secondes, 100 secousses dues au passage d'un rail sur l'autre.

100 secousses pendant 40 secondes, cela représente 9 000 secousses pour une heure, puisqu'il y a 3 600 secondes ou 90 fois 40 secondes dans une heure.

Cela fait donc 9 000 rails de passés en une heure. Or, ces rails ayant 11 mètres de long, vous voyez que l'on trouve aisément la vitesse du train à l'heure, puisqu'elle est de 9 000 fois 11 mètres ou 99 kilomètres.

Ce n'est pas plus malin que ça!

Dédié aux voyageurs qui trouvent le temps long en chemin de fer!

LXII

Nombres colossaux.

On parle souvent de milliards, mais il est difficile, pour la plupart d'entre nous, de nous rendre compte exactement, ou de nous représenter, même approximativement, ce que peut être une quantité supérieure aux mille millions qui composent un milliard. Il faut donc avoir recours à des comparaisons, à des images, pour nous permettre d'apprécier les nombres colossaux.

Voici quelques exemples choisis parmi les plus curieux.

1

LA PARTIE DE DOMINOS

Vous êtes-vous jamais demandé combien de parties différentes on pouvait jouer avec un jeu de dominos ordinaires de 28 dés? Ou, en d'autres termes, sait-on

exactement de combien de façons diverses peuvent
être groupés ces 28 dés, en obéissant, bien entendu,
à la règle du jeu et non pas en les juxtaposant au hasard?

La partie de dominos.

On trouve comme résultat un nombre de 13 chiffres, qui est le suivant :

7 959 229 931 520

Deux joueurs pourront jouer pendant 90 millions
d'années (si Dieu leur prête vie) sans avoir deux fois
la même partie, en admettant qu'ils fassent 10 parties
à l'heure, 240 par jour et 87 600 par an !

2

LES CASES DE L'ÉCHIQUIER

Autre nombre colossal; le précédent ne comportait que 7 trillions, c'est-à-dire 7 millions de millions!!! Une misère! Qu'est-ce que ce petit nombre auprès de celui des grains de blé de la dernière case de l'échiquier, dont voici l'histoire :

Sheran, ancien monarque des Indes, prenant plaisir au noble jeu des échecs que venait d'inventer un de ses pauvres sujets nommé Sessa, le fit venir et lui dit, comme dans les contes de fées :

« Demande-moi ce que tu désires pour ta récompense, et cela te sera accordé.

— Puissant monarque, dit Sessa, fais placer sur la première case de l'échiquier un grain de blé.... »

Aussitôt, le monarque fait apporter le grain demandé, se demandant ce qui allait suivre.

« Maintenant, reprit Sessa, ordonne que l'on mette deux grains sur la deuxième case, quatre sur la troisième, et ainsi de suite en doublant, dans chaque case, le nombre de grains de blé contenus dans la case précédente. Ma récompense sera le blé correspondant à la dernière case du jeu. »

Très intrigué, le roi Sheran fait apporter des sacs de blé, et des esclaves sont employés à compter les grains. Mais au bout de quelque temps on s'aperçoit que les greniers de Sa Majesté ne pourront pas suffire

à réaliser le vœu de l'inventeur; il faut faire appel
à tous les marchands qui, dans le pays, ont du blé à
vendre; la récolte tout entière est absorbée sans que

Les cases de l'échiquier.

l'échiquier ait encore ses dernières cases pourvues;
bref, les mathématiciens du royaume finissent par
dire au roi toute la vérité, que voici : pour arriver
au nombre de grains exigé pour la 64ᵉ case de
l'échiquier, il faudrait que toute la surface de la terre,
supposée privée des mers et de toutes ses eaux, fût
ensemencée en blé, et c'est huit fois la récolte totale
qui serait nécessaire pour satisfaire l'avide Sessa!

L'histoire ne dit pas si le roi fit couper le cou au susdit, pour régler la question, ou bien s'il lui fut reconnaissant de lui avoir dévoilé les mystères de ce que les calculateurs appellent une progression géométrique.

Si maintenant vous êtes curieux de savoir à quel nombre on arrive pour les cases de l'échiquier, le voici : il se compose de 20 chiffres :

$$18\,446\,744\,073\,709\,551\,615$$

et il s'énonce en commençant par 18 quintillions; nous avons bien du mal à nous représenter un pareil nombre, n'est-ce pas?

3

·LES SPHÈRES D'OR

J'ai encore un nombre colossal à vous offrir; celui-là dépasse tous les autres, et vient nous montrer à quoi l'on arrive avec un peu d'économie... et de temps.

Je suppose que, au commencement de l'ère chrétienne, c'est-à-dire il y a 20 siècles, quelqu'un ait placé à intérêts composés, et au taux de 5 p. 100, la très modeste somme de 1 centime.... Vous vous doutez bien que ledit centime se sera augmenté, mais vous figurez-vous à quelle somme se monterait votre capital? Je n'ose pas vous donner le nombre, qui se compose de 38 chiffres et ne vous dirait rien à l'esprit. Mais voici une image qui va vous le faire entrevoir.

Les sphères d'or.

Imaginez-vous une sphère d'or massif ayant le volume de la terre; sa valeur, n'est-ce pas, représente une jolie somme? Eh bien! supposez qu'une sphère semblable, détachée de la voûte des cieux, tombe à chaque minute, et cela depuis le commencement de l'ère chrétienne, c'est-à-dire depuis le moment où le petit centime a été placé. La valeur totale de toutes les sphères d'or tombées ainsi de minute en minute pendant 2 000 ans n'atteint pas encore le capital rapporté par le centime. Il s'en faut encore de toutes les sphères d'or massif qui tomberaient, de minute en minute, pendant 3 siècles encore !

Je ne connais pas celui qui a résolu pour la première fois ce calcul d'intérêts composés, mais c'est M. Lucas, le regretté professeur du lycée Saint-Louis, qui a imaginé la jolie comparaison des sphères d'or, nous permettant d'avoir un aperçu de ce que représente un nombre de 38 chiffres.

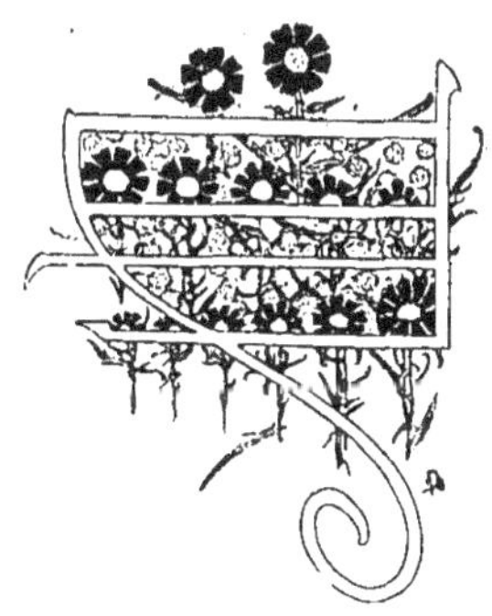

LXIII

Tous sorciers.

L'opérateur se fait bander les yeux, et l'on étale sur la table les 28 dés d'un jeu de dominos.

Chaque personne de la société pense au domino qu'elle préfère, 2 et 5, 6 et 3, double-quatre, etc.

Et le devin va dire à chacun les deux points du dé auquel il a pensé, après la petite opération arithmétique suivante, que chacun exécute avec un crayon sur un bout de papier.

L'opérateur commande : Doublez le premier point; si la personne a pensé, par exemple, à 6 et 3, elle doublera 6, ce qui donne 12.

L'opérateur lui fait alors ajouter un chiffre quelconque, que la personne peut choisir à son choix, par exemple 4, ce qui fera 12 + 4 = 16. Il fait ensuite multiplier le résultat par 5, soit 16 par 5 = 80, puis ajouter le second point qui est 3, et le résultat final sera donc 83. C'est ce nombre 83 qu'on annonce

à l'opérateur, et immédiatement il devine que le dé
pensé est 6 et 3. Comment un seul nombre a-t-il pu
lui indiquer ces deux chiffres?

Mystère!

Tous sorciers.

— Et toi, grand'maman, quel est ton résultat
final?

— 46!

— Tu as donc pensé au domino 2 et 6. Et toi,
Pierre?

— Moi, j'ai pour résultat le nombre 30.

— Eh bien! tu n'as pas choisi un domino trop
gros; c'est le 1 et blanc.....

Maintenant, vous désirez savoir le mot de l'énigme;
le voici :

Il suffit, pour deviner n'importe quel domino du jeu, de retrancher du nombre que vous. indique chaque amateur, 5 fois le chiffre que vous lui avez fait ajouter. Dans l'exemple choisi, c'était le chiffre 4 ; il faut donc retrancher le nombre 20 du nombre 83 annoncé, ce qui donne comme reste 63. Les deux chiffres de ce nombre sont les deux points 6 et 3 du domino pensé. Pour dérouter votre public, vous auriez aussi bien pu faire ajouter un 5, un 8 ou tout autre chiffre à votre fantaisie, au lieu du chiffre 4.

Et voilà comment on devient sorcier !

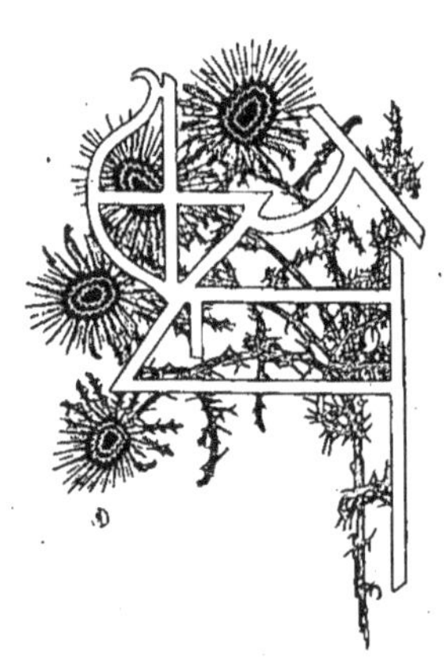

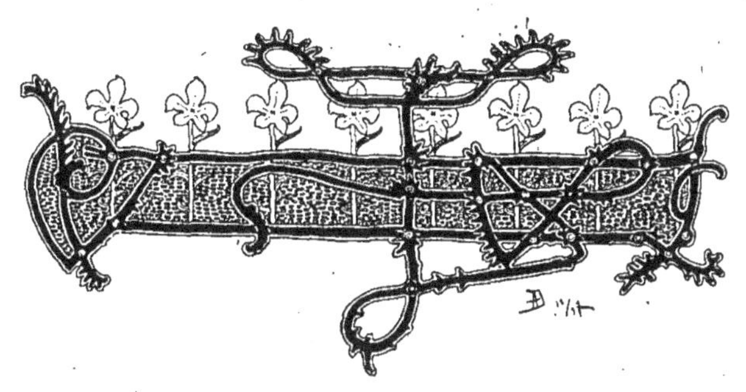

LXIV

La table de multiplication
et les dix doigts.

Bien des personnes (et je ne parle pas seulement ici des enfants) ont beaucoup de peïne à se rappeler leur table de multiplication; on va bien encore jusqu'au 4 ou au 5, mais ensuite, dès que l'on arrive aux 6, aux 7, etc., on sent qu'on a beaucoup plus de mal pour énoncer de suite le résultat. Pour l'addition, les enfants ont bien recours à leurs doigts, malgré la défense du maître, mais pour la multiplication, les doigts ne nous sont d'aucune utilité.

Or, voici une méthode permettant à celui qui a oublié sa table de multiplication des 6, des 7, des 8 et des 9, de la retrouver sur le bout de ses doigts! Voici en deux mots le principe de cette méthode : Numérotez de 6 à 10 les doigts de chacune de vos mains en commençant par le pouce. Les deux pouces

Table de multiplication sur les doigts.

représenteront donc le chiffre 6, les deux index le
chiffre 7, etc., pour finir par les deux petits doigts,
qui seront chacun numérotés 10.

Voulez-vous maintenant savoir combien font
7 fois 8? Mettez bout à bout les doigts des deux

mains qui représentent ces chiffres, par exemple,
l'index de la main droite (7) et le majeur ou doigt du
milieu de la main gauche (8). Tenez vos mains
comme le montre la figure 1 de notre dessin, les
pouces en l'air, les petits doigts en bas. Pour savoir
le nombre des dizaines, additionnez les deux doigts
dont les bouts se touchent avec les doigts qui se trouvent *au-dessus* du petit pont ainsi formé. 2 doigts
qui se touchent plus 3 doigts au-dessus (le pouce
de la main droite, le pouce et l'index de la main
gauche), cela fait 5 doigts, n'est-ce pas? Nous
aurons donc d'abord 5 dizaines pour le produit 7 fois
8, soit 50.

Reste à trouver les unités? Pour cela, il vous suffira de multiplier le nombre des doigts situés *au-dessous* des 2 doigts qui se touchent par le nombre de
doigts de l'autre main placés aussi au-dessous du
petit pont. Quels sont ces doigts, pour l'exemple qui
nous occupe? Ce sont : le doigt du milieu, l'annulaire et le petit doigt, soit trois doigts à la main
droite; pour la main gauche, l'annulaire et le petit
doigt, soit deux doigts. Multiplions donc 3 par 2, ce
qui nous donne 6 pour les unités; nous en concluons
que 7 multiplié par 8 donne 5 dizaines et 6 unités,
c'est-à-dire 56.

Cela se comprendra très vite si, au lieu de lire seulement mon explication, le lecteur veut bien placer ses
doigts dans la position voulue.

Les autres exemples que je vais donner sont maintenant faciles à comprendre. Cherchons, si vous vou-

lez bien, combien font 8 fois 8? Mettons bout à bout
horizontalement les deux doigts majeurs ; nous voyons
qu'il y a quatre doigts au-dessus du pont (fig. 2) ;
ajoutons les deux doigts qui se touchent, cela donne
six doigts ; il y aura donc 6 dizaines ; multiplions le
nombre des doigts *au-dessous* du pont l'un par l'autre : 2 fois 2 font 4. Le résultat est donc : 6 dizaines
et 4 unités ; c'est donc 64.

« Mais pour 6 fois 6, me direz-vous, on ne trouve
que les 2 pouces pour le chiffre des dizaines? » C'est
vrai, mais on doit y ajouter le produit 4 fois 4 des
doigts du dessous, soit 16, qui, ajouté à 20, donne
bien 36 comme résultat de 6 fois 6 (fig. 3). — Encore
un exemple : Cherchons 9 fois 9. Les 6 doigts du
dessus plus les 2 annulaires font 8 dizaines ; il reste
en dessous 1 doigt à chaque main ; disons : 1 fois
1 fait 1 et nous avons le résultat : 81.

Enfin, l'on peut aller beaucoup plus loin que
10 fois 10, en numérotant les doigts de 11 à 15, par
exemple. Notre figure 4 montre comment nous aurons
le produit 14×13. Joignez le majeur de la main
droite (13) et l'annulaire (14) de la main gauche ;
2 doigts qui se touchent et 5 au-dessus, cela fait 7 ;
nous aurons donc 7 dizaines, ou 70. Prenons encore
ces mêmes doigts du dessus, y compris les deux formant le pont, et multiplions-les ; cela donne : 3 fois 4
= 12. Ajoutons le nombre 100, et nous avons comme
résultat final : $70 + 12 + 100 = 182$, qui est bien le
produit cherché de 14 par 13. Ici, comme on le voit,
les doigts du dessous sont laissés de côté.

Tout cela semble horriblement compliqué à la lec-
ture, mais faites l'expérience avec des enfants de
dix ans, et vous serez surpris de voir avec quelle
facilité et quel plaisir ils accueilleront ce moyen original de savoir leur table de multiplication... sur le
bout du doigt.

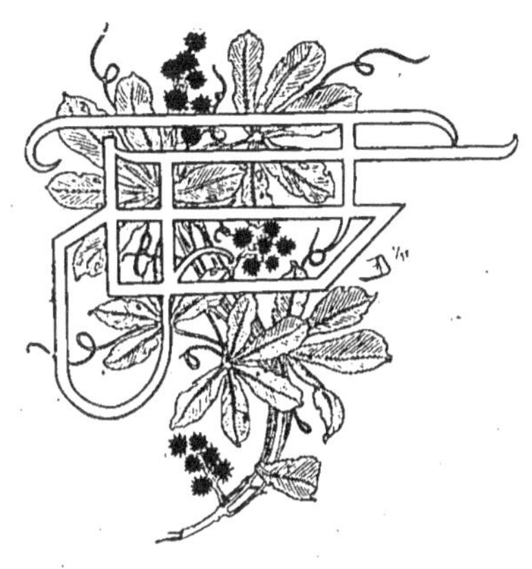

LXV

Le jeu des quinze allumettes.

Prenez 15 objets quelconques, par exemple des bouts d'allumettes, et proposez à un de vos amis le jeu suivant :

Chaque joueur doit prendre sur la table, 1, 2 ou 3 allumettes, suivant son choix.

Celui qui sera forcé de prendre la dernière allumette sera le perdant. Or, voici le moyen infaillible pour gagner à ce jeu.

Il faut que le joueur désireux de ne pas ramasser la dernière allumette s'assure la prise de la quatorzième, et pour cela il doit posséder la dixième et auparavant la sixième et la seconde.

Vous voyez que ce n'est pas bien compliqué; il vous suffira de vous rappeler les chiffres suivants : 2, 6, 10 et 14.

1er Exemple.

1er coup.	Le 1er joueur prend	1 allumette.			
—	Le 2e	—	—	1	— (la 2e).
2e coup.	Le 1er	—	—	1	— (la 3e).
—	Le 2e	—	—	3	— (la 6e).
3e coup.	Le 1er	—	—	1	— (la 7e).
—	Le 2e	—	—	3	— (la 10e).
4e coup.	Le 1er	—	—	1	— (la 11e).
—	Le 2e	—	—	3	— (la 14e).

Il reste une allumette pour le premier joueur qui
perd forcément.

Jeu des 15 allumettes.

2ᵉ *Exemple.*

1ᵉʳ coup. Le 1ᵉʳ joueur prend 2 allumettes (la 2ᵉ).
—   Le 2ᵉ   —   —   1   —   (la 3ᵉ).
2ᵉ coup. Le 1ᵉʳ   —   —   2   —   (la 5ᵉ),
—   Le 2ᵉ   —   —   1   —   (la 6ᵉ).
3ᵉ coup. Le 1ᵉʳ   —   —   3   —   (la 9ᵉ).
—.   Le 2ᵉ   —   —   1   —   (la 10ᵉ).
4ᵉ coup. Le 1ᵉʳ   —   —   2   —   (la 12ᵉ).
—   Le 2ᵉ   —   —   2   —   (la 14ᵉ).

Le joueur gagnant est donc encore le second.

Géométrie amusante.

LXVI

Instruments de dessin.

Pour la fabrication des objets en papier, tels que : abat-jour, écrans, éventails, boîtes de toutes formes, ustensiles utiles ou simplement curieux, jouets, etc., on a besoin de faire quelques tracés préalables si l'on veut obtenir la précision voulue. Mais rassurez-vous; tout le monde pourra les faire, grands et petits, et vous n'aurez à vous procurer, comme instruments de dessin, que les suivants : une règle plate, une équerre et un compas. Voici comment vous pourrez les improviser.

*
* *

1° *Règle.* — La figure 1 du dessin indique la fabrication instantanée de la règle. Prenez une bande de papier un peu fort; peu importe que les bords soient bien rec-

tilignes ou non ; posez-la sur une table bien plate et
pliez-la en deux dans le sens de la longueur, en passant

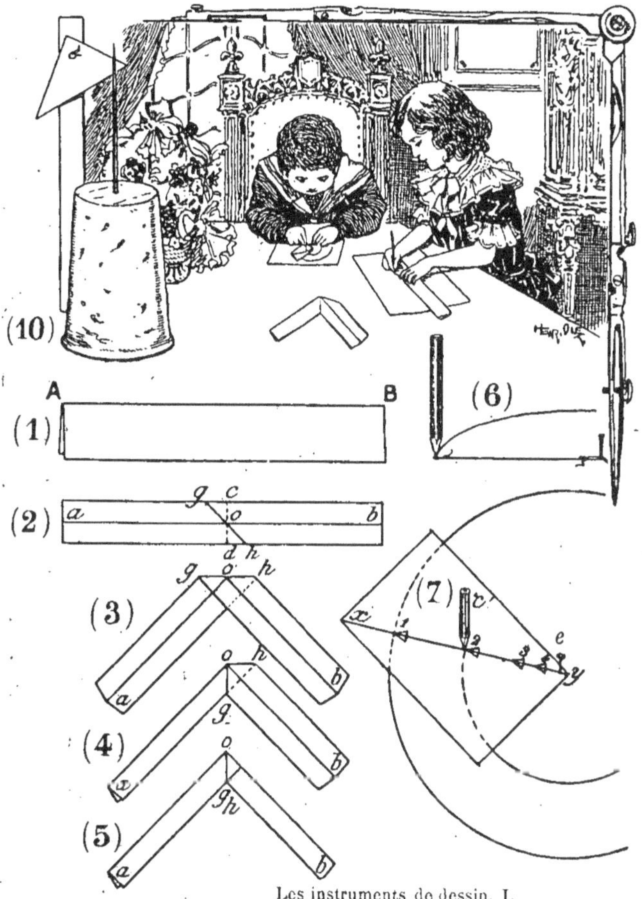

Les instruments de dessin. I.

l'ongle sur le pli. Voilà la meilleure règle à dessin que
vous puissiez trouver, car la géométrie nous apprend
que deux plans se coupent suivant une ligne droite.

2° *Équerre de serrurier.* — Les figures 2 à 5 montrent comment se fabrique l'équerre ayant la forme des équerres en fer des serruriers.

Prenez une bande de papier fort, pliez-la en deux dans le sens de sa longueur, de façon à faire le pli *ab*; remettez-la à plat et faites le pli *cd*, perpendiculaire au précédent, ce qui est facile, si vous avez soin de placer le point *b* sur la ligne *ao*; remettez encore à plat le papier et faites le pli oblique *gh*, en mettant la ligne *co* sur *ao* et *ob* sur *od*; laissez le papier dans cette position, représentée figure 3. Faites maintenant le pli *ao* (fig. 4), puis le pli *bo*, de façon que les points *g* et *h* coïncident, et voilà l'équerre construite.

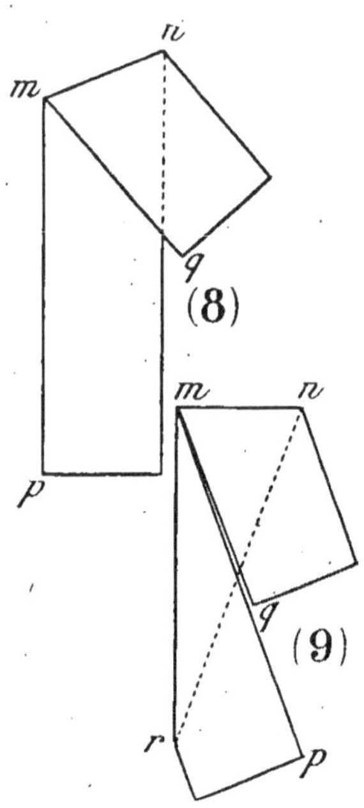

Los instruments de dessin. II.

2 * 2

3° *Équerre de dessinateur ou de menuisier.* — Voici un moyen encore plus simple pour obtenir une

équerre tout aussi exacte que la précédente :
prenez une bande de papier fort (fig. 8) et faites un
pli quelconque *mn*. Faites le second pli suivant *mr*
(fig. 9) de façon que les bords *mq* et *mp* de la bande
viennent se juxtaposer, et c'est tout! L'équerre est
faite!!! Vous pouvez la découper suivant *rn* et coller
ensemble les deux épaisseurs du papier; mais, telle
qu'elle est, elle vous servira partout où vous aurez
besoin de vérifier si un objet est d'équerre, si un
meuble est posé d'aplomb sur le parquet, etc.

*
* *

4° *Tracé des circonférences.* — Reste le *compas*, que
les mamans redoutent à cause des pointes effilées.
Mais je pense qu'elles ne craindront pas de laisser
entre les mains des enfants une carte de visite?

C'est cette carte de visite (fig. 7) qui nous servira à
tracer des circonférences de différentes grandeurs, et,
s'il faut en faire de très grandes, nous remplacerons
la carte par une bande de papier de la longueur
voulue. Traçons sur la carte une ligne droite quelconque *xy*, perçons un trou avec une épingle au point
e, et, avec le canif, faisons de petites échancrures en
forme de triangles en 1, 2, 3, 4, etc. Posons notre
carte sur la feuille de papier sur laquelle nous voulons tracer la circonférence, enfonçons verticalement une épingle au point *e*, centre de cette circonférence, et mettons la pointe du crayon *c* au
sommet de l'un des triangles située sur la ligne *xy*.

Nous n'avons qu'à faire tourner la carte autour de l'épingle *e*, à l'aide du crayon, et nous traçons ainsi toutes les circonférences que nous désirons, en faisant varier la position des triangles suivant les rayons des circonférences que nous voulons obtenir. Dans notre exemple de la figure 7, le rayon de la circonférence sera égal à la ligne *e* 2. Ce procédé est préférable au tracé de la circonférence à l'aide d'un fil (fig. 6), car ce fil s'allonge sous la traction et vous donne des circonférences qui ne sont pas fermées.

Pour terminer, je conseillerai à tous ceux qui ne sont pas familiarisés avec les choses du dessin de faire leurs tracés sur une feuille de papier quadrillé; ils n'auront ensuite qu'à poser ce papier quadrillé sur une feuille de papier fort et à piquer les principaux points avec le *piquoir* n° 10, composé d'une forte aiguille dont la tête est enfoncée dans un bouchon.

LXVII

Le partage du cirque.

Deux associés, propriétaires d'un cirque, veulent
se séparer et partager le cirque, qui est rond, en deux
parties égales, mais ayant chacune pour périmètre
la totalité de la circonférence du cirque primitif, afin
que les chevaux aient la même longueur de piste à
parcourir que précédemment.

Quelle sera la forme des deux nouvelles pistes ?

Voici la réponse :

La longueur d'une circonférence est proportionnelle
à son diamètre, nous apprend la géométrie ; ce qui veut
dire que la piste d'un cirque qui aurait par exemple
50 mètres de diamètre serait exactement le double de
celle d'un cirque qui n'aurait que 25 mètres de diamètre.

Cette remarque a permis au directeur du cirque et
à M. Clown, son associé, de partager leur cirque en
deux parties égales, chacune d'elles ayant toujours
la même longueur de piste que le cirque primitif.

Traçons une circonférence, qui sera le cirque, et le
diamètre AB, sur le milieu duquel nous marquons
le centre O. Marquons le milieu de AO comme centre

Le partage du cirque.

et traçons, sur AO, la demi-circonférence AmO ; faisons de même sur BO, mais en plaçant de l'autre côté
du diamètre AB la seconde demi-circonférence BnO.
Vous voyez que notre circonférence, je veux dire
notre cirque, est ainsi partagée en deux parties égales,
dont l'une est marquée en gris sur la figure ci-dessus.

Il reste à démontrer que chaque partie possède une piste aussi longue que le cirque primitif.

Or, l'explication donnée plus haut suffit à le faire comprendre. En effet, chaque piste des deux nouveaux cirques se compose :

1° D'une demi-circonférence, AxB et AyB, moitié de la piste de l'ancien cirque;

2° D'une demi-circonférence, AmO, dont le diamètre est la moitié de la grande ; cette petite circonférence a donc comme longueur la moitié de la grande, et sa moitié est par conséquent le quart de la grande;

3° D'une autre demi-circonférence, BnO, égale, elle aussi, au quart de la grande.

Additionnons maintenant, et nous trouverons que chaque nouvelle piste a comme longueur la moitié, plus le quart, plus encore le quart de la grande, c'est-à-dire qu'elle lui est exactement égale!

Les chevaux auront donc, dans chaque moitié de l'ancien cirque, le même trajet à parcourir.

Remarque curieuse : Le chiffre de 50 mètres ci-dessus n'est donné que comme exemple pour le calcul. Dans la réalité, tous les cirques, depuis le plus célèbre jusqu'au plus modeste, ont exactement 13 mètres de diamètre, dans le monde entier, afin que les artistes, qui passent d'un cirque dans l'autre, retrouvent la même piste. La longueur du grand fouet appelé chambrière est exactement, manche et ficelle compris, de 6 mètres 50, c'est-à-dire égale au rayon du *cirque*.

LXVIII

Figure magique.

Tracez un carré ABCD. Marquez les points EFG, situés au milieu des côtés correspondants.

Tracez les lignes FG, EB et EC.

Tout cela demande à peine deux minutes, n'est-ce pas? Eh bien! vous avez ainsi tracé, sans vous en douter, une figure magique, qui vous donne les quatre figures fondamentales de la géométrie, et les trois lignes les plus importantes pour l'étude de la circonférence.

Mais ce n'est pas fini, et, en examinant bien la figure, vous devez y trouver au moins 8 consonnes, et enfin les 5 voyelles.

La Figure Magique contient les quatre figures fondamentales de la géométrie, qui sont :

1° Le carré; 2° Le rectangle; 3° Le triangle; 4° Le cercle.

Elle donne ensuite les 3 lignes les plus importantes pour l'étude de la circonférence, qui sont :

1° Le rayon (moitié de FG, qui est égale à AE);

2° Le diamètre FG ;

Figure magique.

3° La tangente, AD par exemple ou tout autre côté du carré.

Vous trouverez ensuite facilement les 5 voyelles A, E, I, O, U, et les consonnes : C, D, F, H, K, L, M, T, V.

TABLE DES MATIÈRES

Pesanteur.

Pression atmosphérique.

Élasticité.

Capillarité.

Optique.

Acoustique.

Chaleur.

Électricité.

Illusions du toucher.

Mouvements inconscients.

Mnémotechnie.

Récréations dans les champs et dans les bois.

Hypnotisme.

Arithmétique amusante.

Coulommiers. — Imp. Paul BRODARD. — 52-1902.